冶金工业出版社

普通高等教育"十四五"规划教材

市政工程计量与计价

Measurement and Valuation of Public Utilities Works

主　编　王　莉　叶彦伶　张　驰

副主编　刘卉丽　项　建　肖光朋

U0342720

扫码输入刮刮卡密码
查看本书数字资源

北　京

冶金工业出版社

2024

内 容 提 要

本书系统地介绍了市政工程造价费用的构成、计算方法及价差的调整方法，特别是工程量清单项目的编制和计价，结合最新的国家标准，将理论与实践结合，举出具体案例。全书共分9章，主要内容包括绪论、市政工程工程量清单计价方法概论、市政土石方工程计量与计价、市政道路工程计量与计价、市政桥涵工程计量与计价、市政管网工程计量与计价、市政工程措施项目计量与计价、基于 BIM 技术的市政工程计量与计价、市政工程工程量清单与招标控制价编制实例等。本书重要知识点均配有视频讲解、三维动画及案例分析，实用性强。

本书可作为高等院校工程造价、工程管理、土木工程及市政工程等专业的教学用书，也可作为建设工程造价专业人员的培训教材及相关专业人员的参考书。

图书在版编目（CIP）数据

市政工程计量与计价/王莉，叶彦伶，张驰主编 . —北京：冶金工业出版社，2022.8（2024.8 重印）

普通高等教育"十四五"规划教材

ISBN 978-7-5024-9243-4

Ⅰ.①市… Ⅱ.①王… ②叶… ③张… Ⅲ.①市政工程—工程造价—高等学校—教材 Ⅳ.①TU723.32

中国版本图书馆 CIP 数据核字（2022）第 146274 号

市政工程计量与计价

出版发行	冶金工业出版社	电　　话	(010)64027926
地　　址	北京市东城区嵩祝院北巷 39 号	邮　　编	100009
网　　址	www.mip1953.com	电子信箱	service@ mip1953.com

责任编辑　杜婷婷　刘林烨　美术编辑　彭子赫　版式设计　郑小利
责任校对　石　静　责任印制　禹　蕊
三河市双峰印刷装订有限公司印刷
2022 年 8 月第 1 版，2024 年 8 月第 5 次印刷
787mm×1092mm　1/16；14 印张；339 千字；214 页
定价 49.00 元

投稿电话　(010)64027932　投稿信箱　tougao@cnmip.com.cn
营销中心电话　(010)64044283
冶金工业出版社天猫旗舰店　yjgycbs.tmall.com
（本书如有印装质量问题，本社营销中心负责退换）

本书编委会

主　编　王　莉　叶彦伶　张　驰

副主编　刘卉丽　项　建　肖光朋

参　编　于佳宁　王涵妮　汪文静　万书廷　刘　宇

　　　　　　任　江　罗　林　邓佳妮　周铂凯　刘　波

　　　　　　何兴超　李保国　程潇苇　钱书文

前　言

工程造价的确定是现代化建设中一项重要的基础性工作，是规范建设市场秩序、提高投资效益的关键环节，具有很强的技术性、经济性、政策性。工程造价是项目决策的依据，是制订投资计划和控制投资的依据，是筹集建设资金的依据，是评价投资效果的重要指标，也是利益合理分配和调节产业结构的手段。市政工程造价是建设工程造价的一个重要组成部分，市政工程计量与计价是工程造价专业学生的一门专业必修课。

本书依据国家标准《建设工程工程量清单计价规范》（GB 50500—2013）及《市政工程工程量计算规范》（GB 50857—2013）阐述了市政工程工程量清单计量与计价原理及方法，依据 2020 年《四川省建设工程工程量清单计价定额——市政工程》阐述了分部分项工程综合单价、措施项目费的计取。本书内容主要涉及市政工程中的土石方工程、道路工程、桥涵工程、管网工程及措施项目计量与计价，以及 BIM 技术的市政工程计量与计价。在熟悉专业知识的基础上，工程量清单的计量与计价原理与方法可触类旁通。

本书结构体系完整，内容注重实用性，支持启发性和交互式教学。每章首先介绍专业市政工程相关基础知识，然后是工程量计算规则，最后是计价方法；计量计价难点均有例题指导，章后有小结。本书的重要知识点配有视频讲解和三维动画，以及电子课件和实例 CAD 施工图图样，以提高教师教学效果和学生学习效果。

本书由西华大学王莉、张驰，四川旅投旅游创新开发有限责任公司叶彦伶担任主编，四川城市职业学院刘卉丽，西华大学项建、肖光朋担任副主编。具体编写分工为：王莉编写第 1 章~第 4 章，张驰、项建编写第 5 章和第 6 章，张驰、肖光朋编写第 7 章和第 8 章；叶彦伶、刘卉丽编写第 9 章及全书实例计算。参与本书整理、编写工作的还有于佳宁、王涵妮、汪文静、万书廷、刘宇、任江、罗林、邓佳妮、周铂凯、刘波、何兴超、李保国、程潇苇、钱书文。

本书在编写过程中，参考了相关文献资料，同时西华大学陶学明教授提出了很多宝贵意见，在此一并致以衷心谢意。

由于编者水平所限，书中不妥之处，敬请广大读者批评指正。

编　者

2022 年 5 月

目　　录

1 绪 论

1.1 工程造价含义

1.1.1 工程造价的两种含义

按照建设产品价格属性和价值的构成原理，工程造价有两种含义：第一种是指建设一项工程预期开支或实际开支的全部固定资产投资费用；第二种是指工程价格（即建成一项工程），预计或实际在土地市场、设备市场、技术劳务市场、承包市场等交易活动中形成的建筑安装工程的价格和建设工程总价格。

工程造价的第一种含义是从投资者—业主的角度来定义的。投资者选定一个投资项目，为了获得预期的收益，就要通过项目评估进行决策，然后进行勘察设计、施工，直至竣工验收等一系列投资管理活动。在投资活动中所支付的全部费用形成了固定资产、无形资产和其他资产，所有这些开支就构成了工程造价。从这个意义上说，工程造价就是工程投资费用，建设项目工程造价就是建设项目固定资产投资。

工程造价的第二种含义是从承包商、供应商、设计者的角度来定义的。在市场经济条件下，工程造价以工程这种特定的商品形成作为交换对象，通过招标投标或其他发承包方式，在各方多次测算的基础上，最终由市场形成的价格。其交易的对象可以是一个很大的建设项目，也可以是一个单项项目，甚至可以是整个建设工程中的某个阶段（如土地开发工程、安装工程等）。通常情况下，工程造价的第二种含义被认定为工程承发包价格。

工程造价的两种含义既共生于一个统一体，又相互区别。最主要的区别在于需求主体和供给主体在市场追求的经济利益不同，因而管理的性质和管理的目标不同。从管理性质上讲，前者属于投资管理范畴，后者属于价格管理范畴。从管理目标上讲，作为项目投资或投资费用，投资者关注的是降低工程造价，以最小的投入获取最大的经济效益。因此，完善项目功能、提高工程质量、降低投资费用、按期交付使用，是投资者始终追求的目标。作为工程价格，承包商所关注的是利润，因此他们追求的是较高的工程造价。不同的管理目标反映不同的经济利益，但他们之间的矛盾正是市场的竞争机制和利益风险机制的必然反映。正确理解工程造价的两种含义，不断发展和完善工程造价的管理内容，有助于更好地实现不同的管理目标，提高工程造价的管理水平，从而有利于推动经济全面的增长。

1.1.2 工程造价的含义辨析

无论是建设项目的建设成本，还是工程承包的价格，工程造价的两种含义之间存在着明显的区别与密切的联系。

（1）建设成本是对应于投资主体的建设单位而言的；承包价格是对应于发承包双方而言的。

（2）建设成本的外延是全方位的，即工程建设项目所有的费用支出；承包价格的涵盖范围即使对"交钥匙"工程而言也不是全方位的。在总体数额及内容组成等方面，建设成本总是大于承包价格的总和。

（3）与两种含义相对应，就有两种造价管理：一是建设成本的管理；二是承包价格的管理。这是两个性质不同的主题，前者属投资管理范畴，同时国家实施必要的政策指导和监督，后者属价格管理范畴。

（4）建设成本的管理要服从承包价的市场管理，承包价格的管理要适当顾及建设成本的承受能力。

当政府提出降低工程造价时，政府是站在投资者的角度充当着市场需求主体的角色；当施工单位提出提高工程造价提高利润率，并获得更多的实际利润时，是要实现一个市场供给主体的管理目标。不同的利益主体绝不能混为一谈。区别工程造价两种含义的现实意义在于，为实现不同的管理目标，不断充实工程造价的管理内容，完善管理方法，为更好地实现各自的目标服务，从而有利于推动全面的经济增长。

1.2　工程造价构成

1.2.1　建设项目总投资费用构成

建设项目总投资一般是指进行某项工程建设花费的全部费用，包括形成工程项目固定资产的建设投资和再生产所需的流动资产（铺底流动资金）投资。固定资产投资包括建设投资和建设期贷款利息。

建设项目总投资组成内容如图 1-1 所示。

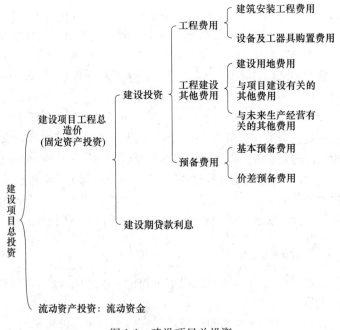

图 1-1　建设项目总投资

建设项目工程造价是指建设项目投资构成中的固定资产部分。从理论上讲，工程造价包括了构成建设项目的物质消耗支出、劳动报酬和参与建设项目各企业的盈利。我国现行的工程造价一般由设备和工器具购置费用、建筑安装工程费用、工程建设其他费用、预备费、建设期利息等组成。

1.2.2 建筑安装工程费用项目构成

（1）按费用构成要素划分的建筑安装工程费用项目组成，如图1-2所示。

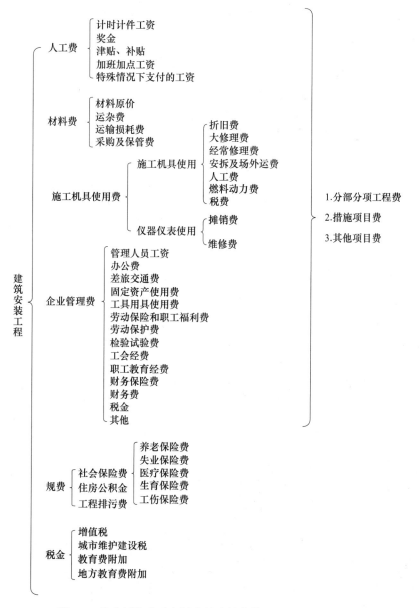

图1-2 按费用构成要素划分的建筑安装工程费用项目组成

按费用构成要素划分，建筑安装工程费由人工费、材料（包含工程设备费，下同）

费、施工机具使用费、企业管理费、利润、规费和税金组成。其中，人工费、材料费、施工机具使用费、企业管理费和利润包含在分部分项工程费、措施项目费、其他项目费中。

（2）建筑安装工程费按造价形成顺序划分，如图 1-3 所示。

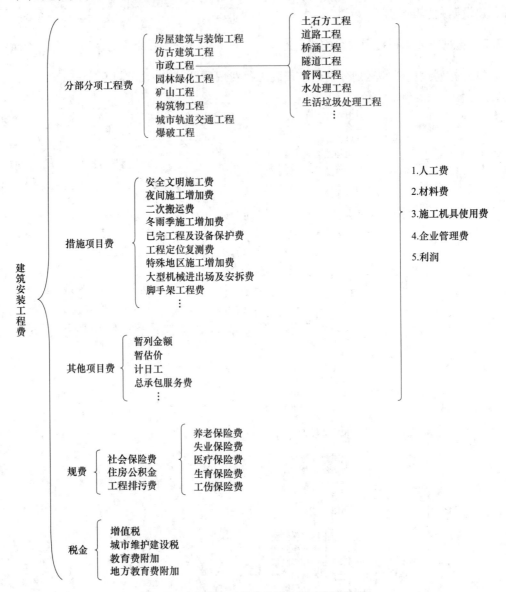

图 1-3　建筑安装工程费按造价形成顺序划分

按造价形成划分，建筑安装工程费用由分部分项工程费、措施项目费、其他项目费、规费、税金组成。

（3）工程造价在工程量清单计价中，主要是以造价的形成顺序来确定工程造价，如图 1-3 所示。

1）分部分项工程费。分部分项工程费是指完成在工程量清单列出的各分部分项工程量所需的费用，包括人工费、材料费（消耗的材料费总和）、施工机具使用费、企业管理费以及利润。

各分部分项工程合价的计算公式为：

$$分部分项工程费 = \sum（分部分项工程量 \times 综合单价） \tag{1-1}$$

各个分部分项工程合价相加的总和即成为分部分项工程工程量清单计价合计。各个分部分项工程量、综合单价及合价应填入分部分项工程量清单计价表内。

2）措施项目费。措施项目是指为完成工程项目施工，发生于该工程施工准备和施工过程中技术、生活、安全、环境等方面的项目。措施项目费一般包括总价措施项目费和单价措施项目费。措施项目费包含的内容见表1-1，具体详见7.1节。

表1-1 措施项目费

措施项目费	总价措施项目费	安全文明施工费	1. 环境保护费：施工现场为达到环保部门要求所需要的各项费用； 2. 安全施工费：施工现场安全施工所需要的各项费用； 3. 文明施工费：施工现场文明施工所需要的各项费用； 4. 临时设施费：施工企业为进行建设工程施工所必须搭设的生活和生产用的临时建筑物、构筑物和其他临时设施费用，包括临时设施的搭设、维修、拆除、清理费或摊销费等
		夜间施工增加费	指因夜间施工所发生的夜班补助费、夜间施工降效、夜间施工照明设备摊销及照明用电等费用
		二次搬运费	指因施工场地条件限制而发生的材料、构配件、半成品等一次运输不能到达堆放地点，必须进行二次和多次搬运所发生的费用
		冬雨季施工增加费	指在冬季或雨季施工需增加的临时设施、防滑、排除雨雪，人工及施工机械效率降低等费用
		行车、行人干扰费	由于施工受行车、行人干扰的影响，导致人工、机械效率降低而增加的费用
		地上、地下设施、建筑物的临时保护设施	在工程施工过程中，对已建成的地上、地下设施和建筑物进行的遮盖、封闭、隔离等必要保护措施所发生的人工和材料费用
		已完工程及设备保护费	指在竣工验收前，对已完工程及设备采取的必要保护措施所发生的费用
	单价措施项目费	脚手架工程费	指施工需要的各种脚手架搭、拆、运输费用以及脚手架购置费的摊销（或租赁）费用
		混凝土模板及支架	指使现浇混凝土成型用的模具，模板及支架系统由模板、支撑件和紧固件组成
		围堰	指在水工建筑工程建设中，为建造永久性构件或设施，修建的临时性围护结构
		便道及便桥	指为工程施工和运输需要而修建的临时性道路或桥梁
		洞内临时设施	指为隧道等洞内施工工程需要而修建的临时性通风设施，临时性供水设施，临时性供电及照明设施，临时性通信设施，临时性洞内外轨道铺设
		大型机械进出场及安拆费	指机械整体或分体自停放场地运至施工现场或由一个施工地点运至另一个施工地点，所发生的机械进出场运输转移费及机械在施工现场进行安装、拆卸所需的人工费、材料费、机械费、试运转费和安装所需的辅助设施的费用
		施工排水、降水	指为保证工程在正常条件下施工，所采取的排水、降水措施所发生的费用

3）其他项目费。暂列金额是招标人在工程量清单中暂定并包括在合同价款中的一笔款项，用于施工合同签订时尚未确定或者不可预见的所需材料、设备、服务的采购，施工中可能发生的工程变更、合同约定调整因素出现时的工程价款调整及发生的索赔、现场签证确认等的费用。

暂估价是招标人在工程量清单中提供的用于支付必然发生，但暂时不能确定价格的材料的单价、工程设备的单价及专业工程的金额，其包括材料和工程设备暂估单价、专业工程暂估价。

计日工是在施工过程中，完成发包人提出的施工图纸以外的零星项目或工作所需的费用。

总承包服务费是总承包人为配合、协调发包人进行的专业工程发包，对发包人自行采购的材料、工程设备等进行保管以及施工现场管理、竣工资料汇总整理等服务所需的费用。

4）规费。根据国家法律、法规规定，由省级政府或省级有关权力部门规定，施工企业必须缴纳的，应计入建筑安装工程造价的费用。

规费项目包括以下三个部分。

① 社会保险费。社会保险费包括养老保险费、失业保险费、医疗保险费、生育保险费和工伤保险费。养老保险费是指企业按照规定标准为职工缴纳的基本养老保险费；失业保险费是指企业按照规定标准为职工缴纳的失业保险费；医疗保险费是指企业按照规定标准为职工缴纳的基本医疗保险费；生育保险费是指企业按照规定标准为职工缴纳的生育保险费；工伤保险费是指企业按照规定标准为职工缴纳的工伤保险费。

② 住房公积金是指企业按规定标准为职工缴纳的住房公积金。

③ 工程排污费是指按规定缴纳的施工现场工程排污费。

出现上面未列的规费项目，应根据省级政府或省级有关权力部门的规定列项按实际发生计取。规费按定额规定标准及《四川省施工企业工程规费计取标准》核定标准计取，不得作为竞争性费用。

5）税金。税金是指国家税法规定的应计入建筑安装工程造价内的增值税、城市维护建设税、教育费附加及地方教育费附加。

1.2.3　工程造价的表现形式

工程造价按照项目进行阶段，在不同阶段具有不同的表现形式。

（1）投资估算。投资估算是指在项目建议书或可行性研究阶段，建设单位向国家或主管部门申请基本建设投资时，为了确定建设项目的投资总额而编制的经济文件。它是国家或主管部门审批或确定基本建设投资计划的重要文件。投资估算主要根据估算指标、概算指标或类似工程预（决）算资料进行编制。

（2）设计概算。设计概算是指在初步设计或扩大初步设计阶段，由设计单位根据初步设计图纸、概算定额或概算指标、设备预算价格、各项费用的定额或取费标准、建设地区的自然和技术经济条件等资料，预先计算建设项目由筹建至竣工验收、交付使用全部建设费用的经济文件。

设计概算的主要作用是控制工程投资和主要物资指标。在方案设计过程中，设计部门通过概算分析比较不同方案的经济效果，选择、确定最佳方案。

（3）修正概算。修正概算是指当采用三阶段设计时，在技术阶段，随着设计内容的具体化，建设规模、结构性质、设备类型和数量等方面内容与初步设计可能有出入。为此，设计单位应对投资进行具体核算，对初步设计的概算进行修正而形成的经济文件。

修正概算的作用与设计概算基本相同。一般情况下，修正概算不应超过原批准的设计概算。

（4）施工图预算。施工图预算是指在施工图设计阶段，设计全部完成并经过会审，在单位工程开工之前，施工单位根据施工图纸、施工组织设计、预算定额、各项费用取费标准、建设地区自然、技术经济条件等资料，预先计算和确定分部项目及分项工程全部建设费用的经济文件。

施工图预算的主要作用是确定建筑安装工程预算造价和主要物资需用量。在工程设计过程中，设计部门据此控制施工图造价不使其突破概算。施工图预算一经审定便是签订工程建设合同、业主和承包商经济核算、编制施工计划和银行拨款等的依据。

（5）招标控制价。招标控制价是在工程采用招标发包的过程中，由招标人根据国家或省级、行业建设主管部门颁发的有关计价依据和办法，按设计施工图纸计算的工程造价，其作用是招标人用于对工程发包的最高限价。有的省、市又称拦标价、预算控制价、最高报价值。

（6）投标报价。投标报价是在工程采用招标发包的过程中，由投标人按照招标文件的要求，根据工程特点，并结合自身的施工技术、装备和管理水平，依据有关计价规定，自主确定的工程造价，是投标人希望达成工程承包交易的期望价格，原则上它不能高于招标人设定的招标控制价。

（7）合同价。合同价是在工程发、承包交易完成后，由发、承包双方以合同形式确定的工程承包交易价格。采用招标发包的工程，其合同价应为投标人的中标价，也即投标人的投标报价。按照《建设工程工程量清单计价规范》（GB 50500—2013）的规定，实行招标的工程合同价款，应在中标通知书发出之日起 30 天内，由发、承包双方依据招标文件和中标人的投标文件在书面合同中约定。

（8）工程结算价。工程结算价是指一个单项工程、单位工程、分部工程或分项工程完工，并经建设单位及有关部门验收或验收点交后，施工企业根据合同规定，按照施工时经发、承包双方认可的实际完成工程量、现场情况记录、设计变更通知书、现场签证、预算定额、材料预算价格和各种费用取费标准等资料，向建设单位办理结算工程价款、取得收入、用以补偿施工过程中的资金耗费、确定施工盈亏的经济活动。

（9）竣工决算价。竣工决算价是指在竣工验收阶段，当一个建设项目完工并经验收后，建设单位编制从筹建到竣工验收、交付使用全过程实际支出的建设费用的经济文件。竣工决算能全面反映基本建设的经济效果，是核定新增固定资产和流动资产价值、办理交付使用的依据。

清单计价模式下的工程造价包括分部分项工程费、措施项目费、其他项目费、规费和税金。

—————— **本 章 小 结** ——————

（1）本章主要介绍了一般工程造价的含义、构成及内容。

（2）第1.1节介绍了工程造价的两种含义：第一种是指建设一项工程预期开支或实际开支的全部固定资产投资费用；第二种是指工程价格（即建成一项工程），预计或实际在土地市场、设备市场、技术劳务市场、承包市场等交易活动中形成的建筑安装工程的价格和建设工程总价格。最后介绍了两种含义的区别。

（3）第1.2节介绍了建设项目总投资费用构成、建筑安装工程费用构成、措施项目费的主要内容以及有关计算法则及工程造价费用在不同阶段的表现形式。

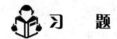 **习　题**

1. 选择题

（1）我国按造价形式划分的建筑安装工程费用构成为（　　）。

    A. 分部分项工程费、措施项目费、企业管理费、税金

    B. 分部分项工程费、措施项目费、其他项目费、规费、税金

    C. 人、料、机费用，措施项目费，利润，税金

    D. 人、料、机费用，企业管理费，利润，规费，税金

（2）根据我国现行建筑安装工程费用组成，（　　）不属于材料费。

    A. 材料、工程设备的出厂价格

    B. 材料在运输装卸过程中不可避免的损耗

    C. 对建筑材料进行一般检查所发生的费用

    D. 采购及保管费用

（3）下列费用中属于企业管理费的是（　　）。

    A. 检验试验费

    B. 医疗保险费

    C. 住房公积金

    D. 养老保险费

（4）根据我国现行建筑安装工程费用组成，（　　）不属于人工费。

    A. 奖金

    B. 特殊情况下支付的工资

    C. 津贴补贴

    D. 计日工工资

（5）根据我国现行建筑安装工程费用组成，下列费用中不属于措施项目费的是（　　）。

    A. 安全文明施工费

    B. 夜间增加施工费

    C. 总承包服务费

    D. 脚手架工程费

2. 简答题

（1）简述工程造价的定义及含义。

（2）简述工程造价两种含义的区别与联系。

（3）建筑安装费按费用构成要素划分有哪些？

（4）建筑安装费按造价形成要素划分有哪些？

（5）措施项目费与其他项目费分别由哪些费用构成？

（6）简述工程造价费用的表现形式。

2 市政工程工程量清单计价方法概论

2.1 市政工程概述

2.1.1 市政工程的含义及特点

市政工程一般是指市政道路、桥梁、广（停车）场、隧道、管网、污水处理、生活垃圾处理、路灯等公用事业工程，是城市生存和发展必不可少的物质基础，是提高人民生活水平和对外开放的基本条件。市政工程是土木工程的一个分支，具有土木工程的一切共性，由于自身工程对象及科学技术的发展，也有其自身的特点。

2.1.1.1 市政工程的综合性

市政工程不仅与经济、交通相关联，还象征城市的精神风貌。只有对一个城市的市政设施进行总体规划，才能让这个城市在未来具有发展潜力。市政工程设施在一个城市里既是好的风景也需发挥其设施的功能，以创造良好的生活环境，同时也提高城市的经济效益和社会效益。

2.1.1.2 市政工程的多样性

市政工程建设内容专业分项较多，主要包括道路、桥梁、绿化工程、照明工程，以及自来水、雨水、污水、中水、电力、热力、电信等各类管线工程等，具有丰富的内涵。其工程类型多，建设范围广，总占地面积大，施工面较大且分散，工程量大，结构复杂，每个工程的结构不尽相同，特别是桥涵、污水处理厂等工程更是复杂。

2.1.1.3 市政工程的专业性

市政设施具有综合性以及多样性，使得市政工程具有较强的专业性，具体施工时往往需要各专业施工单位协同合作。地上地下工程的配合，材料、水源和电源供应、运输，以及交通的配合与工程附近工厂、市民的配合。比如需要共同完成某条道路及所属管线的施工任务等。

2.1.1.4 市政工程的复杂性

市政项目的施工往往会阻碍甚至中断已完成的交通路线，对人们的生活和工作的影响尤为突出。为避免影响周边群众的正常生活秩序和防止对居民产生不利影响，投资方往往要求压缩工期、分段施工，造成施工难度加大，项目管理要求高。市政工程施工需合理建好施工边线，注意施工和交通安全，对安全文明管理工作的要求较高。

2.1.2 市政工程类型

市政工程主要包括道路工程、桥梁工程、管网工程（包括供电管道、雨水管道、污水管道、给水管道、消防管道、燃气管道、通讯管道、小区智能化管道等工程）、隧道工程、污水处理、生活垃圾处理、路灯等城市公用事业工程。

2.1.2.1　道路工程

道路工程可分为公路、城市道路（地铁、轻轨等城市轨道交通）、专用道路等。它们在结构构造方面并无本质区别，只是在功能、所处地域、管辖权限方面有所不同。城市道路按照道路在道路网中的地位、交通功能及对沿线的服务功能等，分为快速路、主干路、次干路和支路四个等级。

城市道路如图 2-1 所示，专用道路如图 2-2 所示。

图 2-1　城市道路　　　　　　　　　　　图 2-2　专用道路

2.1.2.2　桥梁工程

桥梁由桥跨结构、支座系统、桥墩、桥台、墩台基础组成。桥梁工程按照不同的分类标准，可划分出不同的桥梁类型；桥梁工程按工程规模分，可分为特大桥，大桥，中桥，小桥等；按用途分，可分为铁路桥、公路桥、公铁两用桥、人行及自行车桥、农桥等；按建筑材料分，可分为钢桥、钢筋混凝土桥、预应力混凝土桥、结合桥、圬工桥、木桥等。

钢桥如图 2-3 所示，钢筋混凝土桥如图 2-4 所示。

图 2-3　钢桥　　　　　　　　　　　图 2-4　钢筋混凝土桥

2.1.2.3　市政管网工程

市政管网工程包括供电管道、雨水管道、污水管道、给水管道、消防管道、燃气管道、通讯管道、小区智能化管道等工程，比如常见的供水、排水（包括排雨、污水）供电、通信、供煤气、供热的管线部分及特殊用途的地下管线和人防通道等。

排水管道如图 2-5 所示，电力管道如图 2-6 所示。

图 2-5　排水管道   图 2-6　电力管道

2.1.2.4　隧道工程

隧道是埋置于地层内的工程构筑物，是人类利用地下空间的一种形式。市政工程中隧道一般可分为城市下穿隧道、地下综合管廊和城市山岭隧道（比如重庆山区）。地下综合管廊修建在城市地下，用作铺设各种市政设施地下管线，将各种不同的市政设施安置在其中，比如自来水、污水、暖气、热水、煤气、通信及供电等。城市中常见的隧道工程如图 2-7 和图 2-8 所示。

图 2-7　城市山岭隧道   图 2-8　地下综合管廊

2.2　市政工程工程量清单编制概述

按照《建设工程工程量清单计价规范》（GB 50500—2013）的规定，工程量清单是指招标人依据国家标准、招标文件、设计文件及施工现场实际情况编制的，随招标文件发布供投标人进行投标报价的清单文件。

招标工程量清单应以单位（项）工程为单位编制，由分部分项工程项目清单、措施项目清单、其他项目清单、规费和税金清单组成。招标工程量清单是工程量清单计价的基础，是编制招标控制价、投标报价或调整工程量及工程索赔的依据之一。在合同履行中，已标价工程量清单是办理结算、确定工程造价的依据。

2.2.1 市政工程工程量清单编制依据

采用工程量清单方式招标，工程量清单必须作为招标文件的组成部分，由招标人提供，并对其准确性和完整性负责。承发包双方签订合同，工程量清单即为合同的组成部分。因此，工程量清单应由具有编制能力的招标人或受其委托具有相应资质的工程造价咨询人进行编制。其编制依据如下。

（1）国家标准。国家标准的优先级是最高的，如《建设工程工程量清单计价规范》（GB 50500—2013）和《市政工程工程量计算规范》（GB 50857—2013），其他的编制依据与国家标准相冲突的，都必须以国家标注为准。

（2）国家或地方行业建设主管部门颁发的计价依据和办法。其包括与计价有关的行业标准、部门规章、地方标准、地方规章及相应的文件规定。

（3）与建设工程项目有关的技术标准、规范、技术资料。

（4）建设工程地质勘查和设计文件。设计文件是工程量清单编制最主要的依据，工程量清单是对完成设计文件内容工作的体现。

（5）拟定的招标文件及其补充通知、答疑纪要。

（6）施工现场情况、工程特点及常规施工方案。施工现场情况包括交通、水电接入、临时设施搭设、材料加工等现场条件；常规施工方案反映了社会平均生产力水平，是提供公平竞争机会的体现。

（7）其他相关资料。其他相关资料包括项目所在地政府及有关部门对环保、安全文明施工、交通组织、市政设施碰口、接入等有关要求。在本项目清单编制过程中，建设单位对编制依据不充分的地方予以补充、说明的文档资料。

2.2.2 市政工程量清单编制的一般规定

《市政工程工程量计算规范》（GB 50857—2013）附录中有两个或两个以上计量单位的，应结合拟建工程项目的实际情况，确定其中一个为计量单位。同一工程项目的计量单位应一致。

工程计量时每一项汇总的有效位数应遵守下列规定。

（1）以"t"为单位，应保留小数点后三位数字，第四位小数四舍五入。

（2）以"m""m^2""m^3""kg"为单位，应保留小数点后两位数字，第三位小数四舍五入。

（3）以"个""件""根""组""系统"为单位，应取整数。

《市政工程工程量计算规范》（GB 50857—2013）各项目仅列出了主要工作内容，除另有规定和说明外，应视为已经包括完成该项目所列或未列的全部工作内容。编制工程量清单出现附录中未包括的项目，编制人应做补充，并报省级或行业工程造价管理机构备案，省级或行业工程造价管理机构应汇总并报住房和城乡建设部标准定额研究所。补充项目的编码由《市政工程工程量计算规范》（GB 50857—2013）的代码"04"与"B"和三位阿拉伯数字组成，并应从"04B001"起顺序编制，同一招标工程的项目不得重码。补充的工程量清单需附有补充项目的名称、工作内容及包含范围。

2.2.3 市政工程工程量清单编制的主要内容

按照《建设工程工程量清单计价规范》（GB 50500—2013）的规定，工程量清单组成的主要内容如下。

2.2.3.1 工程量清单封面

招标工程量清单封面应填写招标工程立项时的具体工程名称，招标人应加盖单位公章。如果招标工程量清单是招标人委托工程造价咨询人编制的，工程造价咨询人也应加盖单位公章。

2.2.3.2 工程量清单扉页

招标人自行编制招标工程量清单时，招标人加盖单位公章，其法定代表人或其授权人签字或盖章，参与编制的招标人的造价人员签字并盖专用章。注意复核人应是招标人注册的造价工程师。

招标人委托工程造价咨询人编制工程量清单时，除招标人加盖单位公章及其法定代表人或其授权人签字或盖章外，工程造价咨询人应盖单位资质专用章，其法定代表人或其授权人应签字或盖章，有工程造价咨询人注册的造价工程师签字盖专用章。按照相关规定，凡工程造价咨询人出具的工程造价成果文件，必须由其注册的造价工程师签字盖章。

2.2.3.3 工程量清单总说明

总说明的内容应包括如下内容。

（1）工程概况。工程概况包括建设地址、建设规模、工程特征、计划工期、现场实情和交通状况等。

（2）工程招标和分包范围。

（3）工程量清单编制依据。

（4）工程质量、材料、施工等的特殊要求，以及其他需说明的问题。招标工程量清单，主要用于招标投标，在"其他需要说明的问题"中，应重点对投标人提出投标报价的规定和要求。比如综合单价的组成及填报、合价与总价的规定、措施项目报价要求、人工费的调整要求、材料价格的调整要求等。

（5）分部分项工程量清单。分部分项工程量清单应包括项目编码、项目名称、项目特征、计量单位和工程量。这是构成分部分项工程量清单的五个要件，在分部分项工程量清单的组成中缺一不可。

1）分部分项工程量清单应根据《市政工程工程量计算规范》（GB 50857—2013）中规定的项目编码、项目名称、项目特征、计量单位和工程量计算规则进行编制。

2）分部分项工程量清单的项目编码应采用十二位阿拉伯数字表示。其中一、二位为工程分类顺序码，建筑工程为"01"，装饰装修工程为"02"，安装工程为"03"，市政工程为"04"，园林绿化工程为"05"，矿山工程为"06"；三、四位为专业工程顺序码；五、六位为分部工程顺序码；七、八、九位为分项工程项目名称顺序码；十至十二位为清单项目名称顺序码，应根据拟建工程的工程量清单项目名称设置，同一招标工程的项目编码不得有重码。

3）项目名称应按《市政工程工程量计算规范》（GB 50857—2013）附录的项目名称结合拟建工程的实际确定。

4）分部分项工程量清单项目特征应按《市政工程工程量计算规范》（GB 50857—2013）中规定的项目特征，结合拟建工程项目的实际予以描述。工程量清单的项目特征是确定一个清单项目综合单价不可缺少的主要依据。在编制工程量清单时，必须对项目特征进行准确而且全面地描述，准确描述的工程量清单项目特征对于准确地确定工程量清单项目的综合单价具有决定性的作用。

5）分部分项工程量清单的计量单位应按《市政工程工程量计算规范》（GB 50857—2013）规定的计量单位确定。当计量单位有两个或两个以上时，应根据拟建工程项目的实际选择最适宜表现该项目特征并方便计量的单位。

表 2-1 为分部分项工程项目清单与计价表示例。

表 2-1　分部分项工程项目清单与计价表

工程名称：　　　　　　　　　　　　　　　　　　　　　　　　　标段：

序号	项目编码	项目名称	项目特征	计量单位	工程量	金额/元		
						综合单价	合价	其　中
								暂估价
1	040101001001	挖一般土方	1. 土壤类别：三类土； 2. 挖土深度：厚 0.4m 以内； 3. 场内外运距：由投标人综合考虑，计入报价； 4. 弃土地点及堆场费用由投标人综合考虑，计入报价	m^3	2151.1			

2.2.3.4　措施项目清单

编制措施项目工程量清单时，应按《市政工程工程量计算规范》（GB 50857—2013）附录措施项目规定的项目编码、项目名称确定。市政工程措施项目分为单价措施项目和总价措施项目。

措施项目清单的编制需考虑多种因素，除工程本身的因素外，还涉及水文、气象、环境、安全等因素。鉴于工程建设施工特点和承包人组织施工生产的施工装备水平、施工方案及其管理水平的差异，同一工程、不同承包人组织施工采用的施工措施会出现不一致的情况，所以措施项目清单应根据拟建工程的实际情况及常规施工方案列项。若出现清单规范中未出现的项目，可根据工程实际情况补充。单价措施项目如脚手架搭拆、模板工程等的清单编制按照分部分项工程项目清单的方式采用综合单价计价，编制方法与分部分项工程清单相同。总价措施项目按照《建设工程工程量清单计价规范》（GB 50500—2013）规定的计算基数，以及相应的费率计算确定，以"项"为单位进行编制；总价措施项目包括安全文明施工、夜间施工增加、二次搬运、冬雨季施工增加、行车、行人干扰、地上、地下设施、建筑物的临时保护设施、已完工程及设备保护、工程定额复测费等。措施项目工程量清单编制详见第 7 章。

2.2.3.5　其他项目清单

其他项目清单是分部分项工程项目清单、措施项目清单所包含的内容以外，因招标人的要求而发生的与拟建工程有关的清单。其他项目清单包括暂列金、暂估价（包括材料暂估单价、工程设备暂估单价）、计日工、总承包服务费。

（1）暂列金额。暂列金额由建设单位根据工程特点，按有关计价规定估算。施工过程中由建设单位掌握使用，扣除合同价款调整后如有余额，归建设单位。

（2）暂估价。投标时，投标人按照工程量清单中的暂估价计价；施工中，由建设单位与施工单位通过认质认价确定最终价格，按实计价。

（3）计日工。计日工由建设单位和施工企业按施工过程中的签证计价。

（4）总承包服务费。总承包服务费由建设单位在招标控制价中根据总包服务范围和有关计价规定编制，施工企业投标时自主报价，施工过程中按签约合同价执行。

表2-2为其他项目清单与计价汇总表示例。

表 2-2　其他项目清单与计价汇总表

工程名称：　　　　　　　　　　　标段：　　　　　　　　　　　第　页共　页

序号	项目名称	金额/元	结算金额/元	备　注
1	暂列金额			明细详见暂列金额明细表
2	暂估价			
2.1	材料（工程设备）暂估价/结算价			明细详见材料（工程设备）暂估单价及调整表
2.2	专业工程暂估价/结算价			明细详见专业工程暂估单价及结算表
3	计日工			明细详见计日工表
4	总承包服务费			明细详见总承包服务费计价表
5	索赔与现场签证			
	合　计			

注：材料（工程设备）暂估单价计入清单项目综合单价，此处不汇总。

2.2.3.6　规费、税金项目清单

规费是根据国家法律、法规规定，由省级政府或省级有关权力部门规定施工企业必须缴纳的，应计入建筑工程造价的费用，应按照下列内容列项：

（1）社会保险费，包括养老保险费、失业保险费、医疗保险费、工伤保险费、生育保险费；

（2）住房公积金；

（3）工程排污费。

出现上述未列的项目，应根据省级政府或省级有关权力部门的规定列项。

税金是国家税法规定的应计入建筑工程造价内的增值税、城市维护建设税、教育费附加及地方教育附加。

出现上述未列的项目，应根据税务部门的规定列项。

规费、税金项目计价表见表2-3。

表 2-3　规费、税金项目计价表

工程名称：　　　　　　　　　　　标段：　　　　　　　　　　　　　　第　页共　页

序号	项目名称	计算基础	计算基数	计算费率/%	金额/元
1	规费	分部分项清单定额人工费+单价措施项目清单定额人工费			
1.1	社会保险费	分部分项清单定额人工费+单价措施项目清单定额人工费			
(1)	养老保险费	分部分项清单定额人工费+单价措施项目清单定额人工费			
(2)	失业保险费	分部分项清单定额人工费+单价措施项目清单定额人工费			
(3)	医疗保险费	分部分项清单定额人工费+单价措施项目清单定额人工费			
(4)	工伤保险费	分部分项清单定额人工费+单价措施项目清单定额人工费			
(5)	生育保险费	分部分项清单定额人工费+单价措施项目清单定额人工费			
1.2	住房公积金	分部分项清单定额人工费+单价措施项目清单定额人工费			
1.3	工程排污费	按工程所在地环境保护部门收取标准，按实计入			
2	销项增值税额及附加税	分部分项工程费+措施项目费+其他项目费+规费-按规定不计税的设备金额			
合　计					

编制人（造价人员）：　　　　　　　　　　复核人（造价工程师）：

2.2.3.7　发包人提供材料和工程设备一览表

发包人提供的材料和工程设备（简称甲供材料）应在本表中填写，招标人应写明甲供材料的名称、规格、数量、单位和单价等。投标人投标时、甲供材料单价应计入投标人自己的综合单价中。

发包人提供材料和工程设备一览表见表2-4。

2.2.3.8　承包人提供主要材料和工程一览表

此表在编制招标工程量清单时，有招标人填入材料的"基准单价"，提交给投标人，投标人在投标报价时，填写"投标单价"。在工程施工中，当材料和设备价格发生较大变化到达合同约定的价格调整条件时，可以使用此表方便地进行材料和设备价格调整。

承包人提供主要材料和工程设备一览表见表2-5。

表 2-4　发包人提供材料和工程设备一览表

工程名称：　　　　　　　　　　　　　　　　标段：　　　　　　　　　　　　　　第　页共　页

序号	材料（工程设备）名称、规格、型号	单位	数量	单价/元	交货方式	送达地点	计划交货时间	备注

表 2-5　承包人提供主要材料和工程设备一览表（适用造价信息差额调整法）

工程名称：　　　　　　　　　　　　　　　　标段：　　　　　　　　　　　　　　第　页共　页

序号	名称、规格、型号	单位	数量	风险系数/%	基准单价/元	投标单价/元	发承包人确认单价/元	备注

2.3　市政工程工程量清单计价

2.3.1　市政工程工程量清单计价含义

工程量清单计价是指完成由招标人提供的工程量清单所需的全部费用，其计价过程包括工程单价的确定和总价的计算。市政工程工程量清单计价指按照法律、法规和相关国家标准等规定的程序、方法和依据对工程造价，及其构成内容进行预测或确定的行为，即投标人完成招标人提供的工程量清单所需的全部费用，包括分部分项工程费、措施项目费、其他项目费、规费和税金。在不同的阶段有不同的表现形式，包括编制控制价、投标报价、合同价款的确定与调整以及办理工程结算等。

对于工程量清单计价的计价工程量，按照计价目的的不同，工程量可分为清单工程量、定额工程量、施工工程量等。

（1）清单工程量。按照《市政工程工程量计算规范》（GB 50857—2013）清单工程量计算规则计算，计算的范围以设计图纸为依据，用于工程量清单编制和计价。

（2）定额工程量。在工程量清单计价中，对《市政工程工程量计算规范》（GB 50857—2013）附录 A～附录 E 相应清单项目中所列"可组合的工作内容"，依据设计图纸、结合施工方法，对完成分部分项清单项目特征所包含的具体施工内容，按定额计价依据规定的计量规则计算的工程量。

（3）施工工程量。根据施工组织设计确定的施工方法，采取的技术措施综合考虑，按实际的范围、尺寸及相关的影响因素计算，用于清单计价时综合单价的分析。挖方时的临时支撑围护和安全所需的放坡，以及工作面所需的加宽部分的挖方，在综合单价中一并考虑。

清单计价所需确定的工程单价为综合单价，综合单价的确定是计价规范体系下的工作重点和难点，报价人需结合企业自身定额及拟采用的施工方案自主确定人工消耗、材料损耗、机械摊销；根据自身对材料设备等资源的采购优势和储备能力确定材料、设备价格；根据企业自身的经营状况和管理水平确定间接费和利润等。而反映非工程实体的措施项目清单，其报价更与施工企业采取的施工方案息息相关。

2.3.2 市政工程工程量清单计价依据

市政工程工程量清单计价依据主要包括：工程量清单计价规范，国家、省级或行业建设主管部门颁发的计价定额和计价办法，建设工程设计文件及招标要求，与建设项目相关的标准、规范、技术资料，施工现场情况、工程特点，施工方案及价格信息等。其中，市政工程工程量清单计价依据主要为工程造价信息，以及两个现行标准，即《建设工程工程量清单计价规范》（GB 50500—2013）和各省市地区发布的《建设工程工程量清单计价定额》。

2.3.2.1 《建设工程工程量清单计价规范》（GB 50500—2013）

《建设工程工程量清单计价规范》（GB 50500—2013）统一规定了工程建设招标投标阶段招标控制价与投标报价的编制内容及格式，同时对合同价款争议的解决及工程造价鉴定等问题做了详尽的解释与规定。《建设工程工程量清单计价规范》（GB 50500—2013）内容包括总则、术语、一般规定、工程量清单编制、招标控制价、投标报价、合同价款约定、工程计量、合同价款调整、合同价款中期支付、合同解除的价款结算与支付、合同价款争议的解决、工程造价鉴定、工程计价资料与档案、工程计价表格及1个附录。

2.3.2.2 工程定额

工程定额主要指国家、省、有关专业部门制定发布的各专业工种的基础定额、计价定额、概算定额、概算指标、投资估算指标、预算定额等，其主要有工程消耗量定额和工程计价定额两大类。

2.3.2.3 工程造价信息

建设工程造价全过程管理及信息化管理是必然的发展趋势，工程造价信息的收集、建立和运用在现代工程造价管理中十分必要。工程造价信息主要包括价格信息、工程造价指数和已完工程信息等。

2.3.3 市政工程工程量清单计价程序

市政工程项目是兼具单件性与多样性的集合体。每一个市政工程的建设都需要按业主的需求进行单独设计、单独施工，不能批量生产和按整个项目确定价格，只能采用特殊的计价程序和计价方法，工程量清单计价程序如下。

（1）第一阶段：收集资料。资料包括：

1）设计图纸；

2）现行工程计价依据；

3）工程协议或合同；

4）施工组织设计。

（2）第二阶段：熟悉图纸和现场。

1）熟悉图纸：

① 对照图纸目录，检查图纸是否齐全；

② 对设计说明或附注要仔细阅读；

③ 设计上有无特殊的施工质量要求，事先列出需要另编补充的项目；

④ 采用的标准图集是否已经具备；

⑤ 平面坐标和竖向布置标高的控制点；

⑥ 本工程与总图的关系。

2）注意施工组织设计有关内容。施工组织设计是由施工单位根据施工特点、现场情况、施工工期等有关条件编制的，用来确定施工方案，布置现场，安排进度计价时应注意施工组织设计中影响工程费用的因素。

3）了解必要的现场实际情况。

（3）第三阶段：计算工程量。计算工程量是一项工作量很大，却又十分细致的工作。工程量是计价的基本数据，计算的精确程度不仅影响到工程造价，而且影响到与之关联的一系列数据（如计划、统计、劳动力、材料等）。因此，决不能把工程量看成单纯的技术计算，它对整个企业的经营管理都有重要的意义。

计算工程量一般按下列具体步骤进行。

（1）根据设计图示的工程内容和清单项目，列出需计算工程量的分部分项项目。

（2）根据一定的计算顺序和清单计算规则，图纸所标明的尺寸、数量，以及附有的设备明细表、构件明细表有关数据，列出计算式，计算工程量。

（3）工程量汇总。在比较复杂的工程或工作经验不足时，最容易发生的是漏项漏算或重项重算。因此要看懂图纸，弄清各页图纸的关系及细部说明。

（4）第四阶段：工程量清单项目组价，形成综合单价分析表。每个工程量清单项目包括一个或几个子目，每个子目相当于一个定额子目。工程量清单项目套价的结果是计算该清单项目的综合单价。

工程量清单的工程数量，按照相应的专业工程工程量计算规范，如《房屋建筑与装饰工程工程量计算规范》（GB 50854—2013）、《市政工程工程量计算规范》（GB 50857—2013）等规定的工程量计算规则计算。一个工程量清单项目由一个或几个定额子目组成，将各定额子目的单价汇总累加，再除以该清单项目的工程数量，即可得到该清单项目的综合单价分析表。

（5）第五阶段：费用计算。在工程量计算、综合单价分析经复查无误后，即可进行分部分项工程费、措施项目费、其他项目费、规费和增值税的计算，从而汇总得出工程造价。其具体计算原则和方法为：

$$分部分项工程费 = \sum（分部分项工程量 \times 分部分项工程项目综合单价） \tag{2-1}$$

其中，分部分项工程项目综合单价由人工费、材料费、机械费、管理费和利润组成，并考虑风险因素。

措施项目费分为两种，即按各专业工程工程量计算规范规定，应予计量措施项目（单价措施项目）和不宜计量的措施项目（总价措施项目）。单价措施项目和总价措施项目的计算公式为：

$$单价措施项目费 = \sum（措施项目工程量 \times 措施项目综合单价） \tag{2-2}$$

$$总价措施项目 = \sum（措施项目计费基数 \times 费率） \tag{2-3}$$

其中，单价措施项目综合单价的构成与分部分项工程项目综合单价构成类似。

单位工程造价的计算公式为：

$$单位工程造价 = 分部分项工程费 + 措施项目费 + 其他项目费 + 规费 + 增值税 \tag{2-4}$$

市政工程清单计价的核心是根据工程量清单项目组价，形成综合单价分析表。组价的方法是每个工程清单项目包括一个定额项或几个定额子目。工程量清单项目组价结果是计算该清单项目的综合单价，根据编制的招标工程量清单和《建设工程工程量清单计价定额—市政工程》定额说明选择合适的定额子目，然后根据当地造价文件对人工费、材料费、机械费进行动态因素调整确定综合单价。

--------- 本 章 小 结 ---------

（1）本章主要介绍了市政工程的含义、特点、建设程序工程量清单包括的内容以及计价方法等内容。

（2）市政工程一般是指城市建设中的道路、桥梁、给水、排水、燃气、城市防洪及照明等基础设施，使城市生存和发展必不可少的物质基础，是提高人民生活水平和对外开放的基本条件。市政工程建筑与其他建筑工程一样，具有固定性，庞大性，多样性，投资巨大、工期长综合性的特点。市政工程工程建设程序可分为决策阶段，设计阶段，准备阶段，实施阶段竣工验收和后评价阶段。

（3）2.2 节介绍了市政工程工程量清单编制依据，内容以及分部分项工程清单，措施项目清单，其他项目清单。

（4）2.3 节介绍了工程量清单计价的基本原理。

习　题

（1）区分工程量清单、招标工程量清单、已标价工程量清单的概念。
（2）简述市政工程的概念。
（3）简述市政工程建筑产品的特点。
（4）简述市政工程建设程序。
（5）简述工程量清单包括的内容。

3　市政土石方工程计量与计价

市政工程土石方工程通常是道路、桥涵、市政管网工程的组成部分，包括道路路基填挖、堤防填挖、桥涵护岸的基坑开挖，以及回填、市政管网的开槽与回填、广场土石方的填挖及平整、施工现场的土方平整等。从土石方工程的形成可以分成永久性土石方（修筑路堤、堤防等）和临时性土石方（开挖沟槽、基坑）两种工程；按施工方法分为人工土石方和机械土石方，如图 3-1 所示。市政工程中，根据土石方工程施工的难易程度，将土方划分为一、二类土壤、三类土壤、四类土壤三个等级，石方分为极软岩、软质岩、硬质岩三个等级。人工土石方是采用镐、锄、铲等工具或小型机具施工的方法，适用于量小、运距近、缺乏土石方机械或不宜机械施工的土石方工程。机械土石方目前主要采用推土机、挖掘机、铲运机、压路机、平地机等工程机械，机械的选型应根据现场施工条件、土质、土石方量大小、机械性能和施工单位机械装备情况综合考虑。

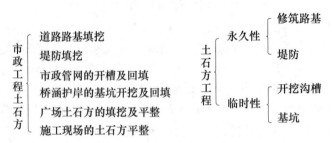

图 3-1　市政工程土石方分类

3.1　市政土石方工程基础知识

3.1.1　道路工程土石方

市政工程路基土石方是市政道路工程的一项主要工程，设计阶段的方案比选，路基土石方数量是评价道路设计质量的主要技术经济指标之一。招标投标阶段，编制工程量清单和道路施工组织计划时，需要确定各标段路基土石方数量。

3.1.1.1　路基断面类型

通常根据道路路线设计确定的路基标高与天然地面标高是不同的。路基设计标高低于天然地面标高时，需进行挖掘；路基设计标高高于天然地面标高时，需进行填筑。由于填挖情况的不同，路基横断面的典型形式，可归纳为路堤、路堑、填挖结合和不挖不填等四种类型。路堤是指全部用岩土填筑而成的路基，路堑是指全部在天然地面上开挖而成的路基，此两者是路基的基本类型。当天然地面横坡大，且路基较宽，需要一侧开挖而另侧填筑时，为填挖结合路基，也称为半填半挖路基。在丘陵或山区公路上，填挖结合是路基横断面的主要形式。

　　道路路基断面形式如图3-2所示。

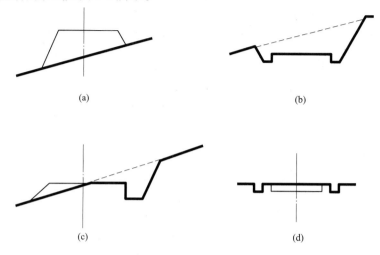

(a)　　　　　　　　　　　　　(b)

(c)　　　　　　　　　　　　　(d)

图3-2　道路路基断面形式

（a）路堤；（b）路堑；（c）半挖半填；（d）不挖不填

3.1.1.2　路基施工方法

A　土方施工

　　道路土方施工，不论是挖方或填方，重要的是路基的强度和稳定性。因而，挖方路基应根据土质条件和挖方深度合理确定开挖边坡，并保证路基的压实度。对于填方路基而言，进行仔细的基底处理，选择良好的路基用土，分层碾压密实是施工的重点内容、路基施工的一般程序如下：

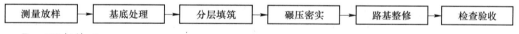

B　石方施工

　　石方施工的分类、施工方法和适用情况见表3-1。

表3-1　石方施工分类表

分类	施 工 方 法	适 用 情 况
凿石	采用铁钎、铁锤或风镐将石方凿除	石方量小或不宜爆破开挖
爆破	通过打眼、装药、爆破、清理的施工程序完成路基石方的施工	大量石方工程中多采用爆破法开挖

C　软土路基加固施工

　　当路堤经过稳定验算或沉降计算不能满足设计要求时，就需要对软土地基进行加固处理，常用的方法见表3-2。

表3-2　软地基处理方法

处理方式	具 体 做 法	适 用 情 况
换填	将泥炭、软土全部挖除，使路堤筑于基底或尽量换填渗水性土体，改善基底强度	泥沼及软土厚度小于2m

处理方式	具 体 做 法	适 用 情 况
抛石挤淤	在路基能从中部向两侧抛投一定数量片石,将淤泥挤出路基范围,以提高路基强度。所用片石宜采用不易风化大石块,尺寸一般不宜小于 0.3m	抛填厚度小于 3.0m。软土表层无硬壳、呈流动状态、排水困难、石料易得
砂垫层	砂垫层厚度一般为 0.6～1.0m,其可使软土顶面增加一个排水面,促进路基底的排水固结,提高路基强度与稳定性	软土地区路堤高度小于 2 倍极限高度时的软土
设置砂井	砂井与连接砂井的砂垫层配合使用效果较好。一般砂井直径为 0.2～0.3m,井距为井径的 8～10 倍,常用范围为 2～4m,平面上呈矩形或梅花形布置	软土层厚度超过 5m,且路堤强度超过天然地基承载能力很多
摊铺土工布	以土工布摊铺基层,并折向沿边坡作防护,既提高基底刚度,也使边坡受到维护,有利于排水并因地基应力再分配而增加路基的稳定性	特别松软地基、土壤潮湿、地下水位高
塑料排水板	在泥炭饱和淤泥地带,利用土工布或塑料排水板作垂直与横向排水,可使路堤加快固结,加快沉降,提高路基强度	竖向排除地下水与地下水夹层相配合

D　路基施工要点

路基施工改变了地面的天然平衡,挖方路堑边坡可能失稳,陡坡路堤可能沿地表整体下滑,软土路基可能整体滑坍。因此,路基施工前必须做好排水,施工中要做好边坡加固或挡土墙等技术措施,土石方完成后要随时监测边坡变形情况以确保路基的整体稳定性。

3.1.2　桥涵工程土石方

桥涵工程土石方主要指桥涵基础开挖、基坑回填等工程作业产生的土石方量。

桥涵基础按埋置深度的不同分为浅基础和深基础,浅基础一般采用明挖的方法进行施工。明挖基础施工的主要内容包括基础的定位放线、基坑开挖、基坑排水、基地处理与圬工砌筑等。桥涵深基础一般采用打桩、挖孔桩、钻孔桩、沉井及地下连续墙等基础形式。

为修筑桥涵基础开挖的临时性坑井称为基坑。基坑属于临时性工程,其作用是提供一个作业空间,使基础的砌筑得以按照设计所指定的位置进行。在基坑开挖前,先进行基础的定位放样工作。通常基坑底部的尺寸较设计的基础平面尺寸每边增加一定的富余量,以便于支撑、排水与立模板。如果是坑壁垂直的无水基坑坑底,可不必加宽,直接利用坑壁做基础模板亦可。具体的定位工作视基坑的深浅而有所不同。基坑较浅时,可用挂线板、拉线球、挂垂球方法进行定位;基坑较深时,可用设置定位桩形成定位线进行定位。

3.1.2.1　陆地基坑开挖

基坑的开挖应根据土质条件、基坑深度、施工期限及有无地表水或地下水等因素,采用适当的施工方法。

A　不设支撑地开挖

对于在干涸无水河滩、河沟中,或有水经过河或筑堤能排出地下水的河沟中,在地下水位低于基底,或渗透量小、不影响坑壁稳定,以及基础埋置不深、施工期较短、挖基坑时,不影响临近建筑物安全的施工场所,可以考虑选用坑壁不加支撑的基坑,如图 3-3 所示。

B 垂直开挖

黏性土在半干硬或者硬塑状态，基坑顶缘无活荷载。稍松土质基坑深度不超过 0.5m，中等密实土质基坑深度不超过 1.25m，密实土质基坑深度不超过 2.0m 时，均可以采用垂直坑壁基坑。

C 深基坑开挖

基坑深度在 5m 以内，土的湿度正常时，基坑可采用斜坡坑壁开挖或按坡度比值挖成阶梯形坑壁，每梯高度以 0.5~1.0m 为宜，可作为人工运土出坑的台阶。基坑深度大于 5m 时，要按

图 3-3 不设支撑开挖

现行桥涵施工规范适当放缓坑壁坡度，或加作平台；土的湿度超出坑壁的稳定时，应采用该湿度下土的天然坡度或采取加固坑壁的措施，如图 3-4 所示。

D 混合坡度开挖

当基坑的上层土质适合敞口斜坡坑壁条件，下层土质为密实黏性土或岩石，可用垂直坑壁开挖，在坑壁坡度变换处，应保留有至少 0.5m 的工作平台。

无水基坑的施工方法，对于一般小桥涵的基础，工程量不大的基坑，可以人力施工；大、中桥基础工程，基坑深，基坑平面尺寸较大，挖方量多，可用机械或半机械施工方法，如图 3-5 所示。

图 3-4 深基坑开挖

图 3-5 混合坡度开挖

3.1.2.2 水中基坑开挖

桥梁墩台基础常常位于地表水以下，有时流速还比较大，为保证施工的质量和作业人员的安全，应考虑在无水或静水的条件下进行施工作业。围堰是桥梁施工中常用的方法，它的主要作用是防水和围水，有时还起支撑基坑坑壁的作用。常用的有土围堰、土袋围堰、单行板桩围堰、双行板桩围堰、土桩土围堰、竹笼围堰、钢板桩围堰。水中基坑开挖围堰方式如图 3-6 所示。

3.1.2.3 基坑排水

基坑坑底一般多位于地下水位以下，而地下水会经常渗进坑内，因此必须设法将坑内的水排除，以便于施工。桥梁基础施工中常用的基坑排水方法如下。

图 3-6　水中基坑开挖方式

（a）土围堰；（b）土桩土围堰；（c）土袋围堰；（d）钢板桩围堰

（1）集水坑排水法。除严重流砂外，一般情况下均可以适用。集水坑（沟）的大小，主要根据渗水量的大小而定，排水沟底宽不小于 0.3m，纵坡为 1%～5%。如果排水时间较长或土质较差时，沟壁可用木板或荆篱支撑防护。集水坑一般设在下游位置，坑深应大于进水笼头高度，并用笆、竹篱、边筐或木围护，以防止泥沙阻塞吸水笼头。集水坑排水法如图 3-7 所示。

图 3-7　集水坑排水法

（2）井点排水法。当土质较差有严重流砂现象，地下水位较高、挖基较深、坑壁不易稳定、用普通排水方法难以解决时，可采用井点排水法。井点排水法适用于渗透系数为 0.5～150m/d 的土壤中，尤其在 2～50m/d 的土壤中效果最好；降水深度一般可达 4～6m，二级井点可达 6～9m，超过 9m 应选用喷射井点或深井点法，具体可视土层的渗透系数、要求降低水位的深度及工程特点等，选择适宜的井点排水法和所需设备。井点排水法如图 3-8 所示。

（3）其他排水法。对于土质渗透性较大或挖掘较深的基坑，可采用板桩法或沉井法。此外，应视现场条件、工程特点及工期等，还可以采用帷幕法，即将基坑周围土层用硅化法、水泥灌浆法以及冻结法等处理成封闭的不透水的帷幕。这种方法除自然冻结法外，其余均因设备多、费用大，在桥涵基础施工时较少采用。帷幕法如图3-9所示。

图 3-8 井点排水法

图 3-9 帷幕法

3.1.2.4 基底检验处理

当基坑已挖至基底设计高程，或已按设计要求加固、处理完毕后，需经过基底检验，方可进行基础圬工施工。桥涵护岸工程土石方各类开挖方法及注意事项见表3-3。

表 3-3 基坑开挖注意事项

开挖方法	注 意 事 项
明挖基础	1. 在基坑顶缘四周适当距离处设置截水沟，并防止地表水渗水，以避免地表水冲刷坑壁，影响坑壁稳定性；如果对临近建筑物或临时设施有影响时，应采取安全防护措施。 2. 坑壁边缘应留有平台，静荷载距坑壁边缘不少于1.0m；垂直坑壁边缘因抗疲乏还应适当增宽；水文地质条件有欠缺时应有加固措施。 3. 开挖中，当坑沿顶面裂缝、坑壁松塌，或遇有涌水、涌砂影响基坑边坡稳定时，应立即加固防护。 4. 基坑宜用原土及时回填，对桥台及有河床铺砌的桥墩基坑，则应分层夯实。 5. 如果用机械开挖基坑，挖至坑底时，应保留不少于30cm的厚度，在基础浇筑圬工前，用人工挖至基底标高。 6. 寒冷地区采用冻结法开挖基坑时，应根据地质、水文、气温等情况，分层冻结，逐层开挖
筑岛围堰	1. 吸泥船吸管围堰筑岛时，作业区内严禁船舶进入，设置安全文明标识标语。 2. 挖基工程所设置的各种围堰和基坑支撑，其结构必须坚固牢靠。 3. 基坑支撑拆除时，应在施工负责人的指导下进行。拆除支撑应与基坑回填相互配合进行。 4. 基坑较深时，四周应悬挂人员上下扶梯
钢板桩及钢筋混凝土板桩围堰	1. 插打钢板桩（包括钢筋混凝土板桩，以下同）围堰前，应对打桩机具进行全面检查。 2. 钢板桩吊环的焊接应由专人检查，必要时应进行试吊。 3. 钢板桩插进锁口后，因锁口阻力不能插放到位而需桩锤压插时，应采用卷扬机钢丝绳控制桩锤下落行程，防止桩锤随钢板桩突然下滑。 4. 插打钢板桩，如因吊机高度不足，可向下移动吊点位置，但吊点不得低于桩顶下1/3桩长的位置。钢板桩在锤击下沉时，初始阶段应轻打，桩帽（垫）变形时应及时更换

3.1.3　管网土石方工程

市政管网土石方工程是指属于城镇的排水管道、给水管道、燃气管道，以及热力管道及其附属构筑物和设备的安装工程的沟槽开挖、回填等工程作业产生的土石方量。

3.1.3.1　沟槽开挖

就沟槽开挖施工而言，一般包括施工的准备工作、土方开挖、管道基础、下管和稳管、接口砌筑附属构筑物和回填等程序。由于污水管道与雨水管道在道路红线内平面位置和标高不同，一般先进行埋深较深的污水管道施工，再进行埋深较浅的雨水管道施工。

A　沟槽开挖内容

市政管道工程多为地下管道铺设，为铺设地下管道进行土方开挖称为挖沟槽（或挖基槽土方）；为建筑物、构筑物开挖的土方称为基坑土方。管道工程土方开挖的特点是：管线长，工作量大，劳动繁重，施工条件复杂。施工中常因水文地质、气候、施工地区等因素的影响，对一般较深的沟槽土壁常用木板或板桩支撑。当槽底位于地下水位以下时，需采取排水或其他降低地下水位的施工方法。

B　沟槽开挖断面形式

在管道施工中，常用开槽法施工，其沟槽断面形式有梯形槽、混合槽、直槽、联合槽等。其中，联合槽适用于两条或两条以上管道埋设在同一沟槽内的断面形式。沟槽开挖的几种断面形式如图 3-10 所示。

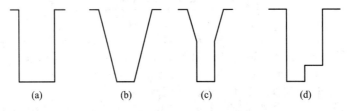

(a)　　　　　　　(b)　　　　　　　(c)　　　　　　　(d)

图 3-10　沟槽开挖断面形式
（a）直槽；（b）梯形槽；（c）混合槽；（d）联合槽

C　断面尺寸

挖槽断面尺寸由挖深、底宽等因素组成。

a　挖深

挖深是指沟槽的深度，是由管线埋设深度而定，槽深影响着断面形式及施工方法的选择。较深的沟槽，宜分层开挖，每层槽的深度，人工开挖时以 2m 为宜，机械挖槽根据机械性能而定，一般不超过 6m。当地下水位低于槽底时，可采用直槽施工，不用支撑，但槽深不得超过表 3-4 的规定。

表 3-4　土质情况与直槽最大挖深

土质情况	最大挖深/m
砂土和砂砾土	1.0
亚砂土和亚黏土	1.25
黏土	1.5

b 底宽

底宽是指沟槽底的开挖宽度。如沟槽采用支撑时，肩宽是指支撑的撑板间的净宽。槽底宽度应满足管沟的施工要求，并由管沟的结构宽度加上两侧工作宽度构成。其计算公式为：

$$B = D_1 + 2(b_1 + b_2) \tag{3-1}$$

式中 B——管道沟槽底部的开挖宽度，mm；

D_1——管道结构的外缘宽度，mm；

b_1——管道一侧的工作面宽度，mm；

b_2——现场浇筑混凝土或钢筋混凝土管渠一侧模板的厚度，mm。

各类管径和管沟结构的外缘宽度以及所对应的每侧工作面宽度见表3-5。

表3-5 沟槽开挖工作面宽度表

管径/mm	非金属管道/mm	金属管道/mm	构筑物/mm	
			无防潮层	有防潮层
500 以内	400	300		
1000 以内	500	400	400	600
2500 以内	500	400		
2500 以上	600	500		

D 开挖方法

沟槽开挖有人工开挖和机械开挖两种施工方法。

人工开挖沟槽开挖有人工开挖和机械开挖两种施工方法。在小管径，土方量少或施工现场狭窄，地下障碍物多，不易采用机械挖土或深槽作业时，底槽需支撑无法采用机械挖土时，通常采用人工挖土。

机械开挖目前使用的挖土机械主要有推土机、单斗挖土机、多斗挖土机、装载机等。机械挖土的特点是效率高、速度快、占用工期少。沟槽（基坑）的开挖方法，多是采用机械开挖人工清底的施工方法。

E 沟槽支撑

a 支撑作用

支撑结构的作用是在基槽（坑）挖土期间挡土、挡水，保证基槽开挖和基础结构施工能安全、顺利地进行，并在基础施工期间不对相邻的建筑物、道路和地下管线等产生危害。沟槽支撑与否应根据土质、地下水、槽深、槽宽、开挖方法、排水方法、地面载荷等因素确定。以下情况需要考虑采用支撑：

（1）施工现场狭窄而沟槽土质较差，深度较大时；

（2）开挖直槽，土层地下水较多，槽深超过1.5m，并采用表面排水方法时；

（3）沟槽土质松软有坍塌的可能，应根据具体情况考虑支撑；

（4）沟槽槽边与地上建筑物的距离小于槽深时，应根据情况考虑支撑；

（5）为减少占地对构筑物的基坑、施工操作工作坑等采用的临时性基坑维护措施，如顶管工作坑内支撑、基坑的护壁支撑等。

　　b　沟槽支撑的结构形式

　　支撑结构应牢固可靠，必须进行强度和稳定性计算和校核；应便于支设和拆除及后续工序的操作。支撑材料要求质地和尺寸合格，保证施工安全；应在保证安全的前提下，节约用料。主要的支撑结构如下。

　　（1）横撑。撑板（挡土板）水平放置，然后沟两侧同时对称竖立方木（立木）再以撑木顶牢。横撑用于土质较好，地下水量较少处。其特点是安设容易，但拆除时不大安全。

　　（2）竖撑。撑板（挡土板）垂直立放，然后每侧上下各放置方木（横木）再用撑木顶牢。竖撑用于土质较差，地下水较多或有流沙的情况。支撑类型如图 3-11 所示。

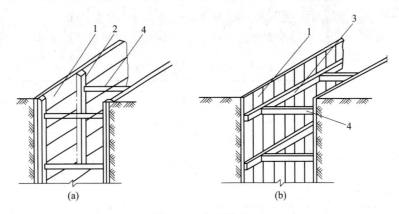

图 3-11　支撑类型

（a）横排撑板；（b）竖排撑板

1—撑板；2—纵梁；3—横梁；4—横撑

3.1.3.2　沟槽回填

　　沟槽回填土重量的一部分由埋管承受。如果提高胸腔和管顶的回填土密实度，可减少管顶垂直土压力。沟槽还土部位密实度的划分如图 3-12 所示。根据经验，其密实度要求如下：

　　（1）胸腔填土，即管顶相对高 50cm 以下的管子两侧与槽壁间部分密实度要求不低于 95%；

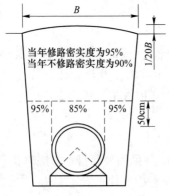

图 3-12　沟槽回填土密实度分布图

扫码查看

雨水工程视频

扫码查看

污水工程视频

（2）管顶以上 50cm 范围内密实度要求不低于 85%；

（3）管顶以上 50cm 至地面密实度要求根据情况而定。

3.1.4 广场土石方工程

市政广场是政府定期与市民进行交流和组织集会活动的场所，多修建在城市的行政中心区，一般处于城市中心地段，与城市重要的市政建筑共同修建，成为城市的标志性场所。市政广场的特征主要是占地面积和硬质铺装面积都比较大。为了方便大量人群的户外集会活动，极少设置有其他景观设施，一般情况下是举办大型集会、节日庆典或动员大会等大型活动的场地（如北京的天安门广场）。

市政广场土石方工程施工前，应收集场区及周边地下埋设物资料，避免施工损坏未有标识的地下埋设管网。土方开挖影响区内的管线，应提前申请进行迁移改线。在进行施工基线以及水准点的布设时，要依据建设单位技术的平面控制点和高程控制点，对其他关键控制点进行布设，在布设过程中要保证布点的准确性。市政广场施工顺序为：准备工作→土方开挖→回填→挖方区清理、整平。

3.2 市政土石方工程清单计量

3.2.1 土石方工程工程量清单计量规范

《建设工程工程量清单计价规范》（GB 50500—2013）附录 A 将土石方工程划分为土方工程、石方工程、回填方及土石方运输 3 节 10 个项目。其中，土方工程 5 个项目，石方工程 3 个项目，回填方及土石方运输 2 个项目。土石方工程分部分项清单见表3-6。

表 3-6 土石方工程分部分项清单

编　码	分部工程名称
040101	A.1 土方工程
040102	A.2 石方工程
040103	A.3 回填方及土石方运输

3.2.1.1 土方工程

土方工程包括挖一般土方、挖沟槽土方、挖基坑土方、暗挖土方、挖淤泥、流砂五个分项。沟槽、基坑、一般土方的划分为：底宽不大于 7m 且底长大于 3 倍底宽为沟槽；底长不大于 3 倍底宽且底面积不大于 150m² 为基坑；超出上述范围则为一般土方。土壤的分类应按土壤分类表确定，如土壤类别不能准确划分时，招标人可注明为综合，由投标人根据地勘报告决定报价。办理工程结算时，按经发包人认可的施工组织设计规定计算。

A　挖一般土方

挖一般土方项目特征为土壤类别、挖土深度，以"m^3"为计量单位，按设计图示尺寸以体积计算工程量。工作内容为排地表水、土方开挖、围护（挡土板）及拆除、基底钎探、场内运输。

B 挖沟槽土方

挖沟槽土方项目特征为土壤类别、挖土深度，以"m³"为计量单位，按设计图示尺寸以基础垫层面积乘以挖土深度计算工程量。工作内容为排地表水、土方开挖、围护（挡土板）及拆除、基底钎探、场内运输。

C 挖基坑土方

挖基坑土方项目特征为土壤类别、挖土深度，以"m³"为计量单位，按设计图示尺寸以基础垫层面积乘以挖土深度计算工程量。工作内容为排地表水、土方开挖、围护（挡土板）及拆除、基底钎探、场内运输。

D 暗挖土方

暗挖土方项目特征为土壤类别、平洞、斜洞（坡度），以"m³"为计量单位，按设计图示断面乘以长度以体积计算工程量。工作内容为排地表水、土方开挖、场内运输。

E 挖淤泥、流砂

挖淤泥、流砂项目特征为挖掘深度、运距，以"m³"为计量单位，按设计图示位置、界限以体积计算工程量。工作内容为开挖、运输。

挖方出现流砂、淤泥时，如果设计未明确，在编制工程量清单时，其工程数量可为暂估值。结算时，应根据实际情况由发包人与承包人双方现场签证确认工程量。挖淤泥、流砂的运距可以不描述，但应注明由投标人根据施工现场实际情况自行考虑决定报价。

3.2.1.2 石方工程

石方爆破按现行国家标准《爆破工程工程量计算规范》（GB 50862—2013）相关项目编码列项。

A 挖一般石方

挖一般石方项目特征为岩石类别、开凿深度，以"m³"为计量单位，按设计图示尺寸以体积计算工程量。工作内容为排地表水、石方开凿、修整底、边、场内运输。

B 挖沟槽石方

挖沟槽石方项目特征为岩石类别、开凿深度，以"m³"为计量单位，按设计图示尺寸以基础垫层底面积乘以挖石深度计算工程量。工作内容为排地表水、石方开凿、修整底、边、场内运输。

C 挖基坑石方

挖基坑石方项目特征为岩石类别、开凿深度，以"m³"为计量单位，按设计图示尺寸以基础垫层底面积乘以挖石深度计算工程量。工作内容为排地表水、石方开凿、修整底、边、场内运输。

3.2.1.3 回填方及土石方运输

回填方总工程量中，若包括场内平衡和缺方内运两部分时，应分别编码列项。填方材料品种为土时，可以不描述；填方粒径，在无特殊要求情况下，项目特征可以不描述；余方弃置和回填方的运距可以不描述，但应注明由投标人根据施工现场实际情况自行考虑决定报价。回填方如需缺方内运，且填方材料品种为土方时，是否在综合单价中计入购买土方的费用，由投标人根据工程实际情况自行考虑决定报价。

A 回填方

回填方项目特征为密实度要求、填方材料品种、填方粒径要求、填方来源、运距，以"m³"为计量单位。对于沟、槽坑等开挖后再进行回填方的清单项目，其工程量计算规则按挖方清单项目工程量加原地面线至设计要求标高间的体积，减基础、构筑物等埋入体积计算确定。当原地面线高于设计要求标高时，则其体积为负值。场地填方等按设计图示尺寸以体积计算。工作内容为运输、回填、压实。

B 余方弃置

余方弃置项目特征为废弃料品种、运距，以"m³"为计量单位。按挖方清单项目工程量减利用回填方体积（正数）计算工程量。工作内容为余方点装料运输至弃置点。

3.2.2 土石方工程清单工程量计算方法

分部分项工程量清单项目是工程量清单的主要组成部分，工程量清单是招标文件和合同的主要组成部分。市政工程土石方分部分项工程量清单项目要根据招标文件、工程设计图纸和技术要求及相关的规范、标准进行编制，要做到不漏不重，达到承包发包双方能对工程项目的目标进行主动控制。参与工程的有关各方对同一份设计图进行清单工程量计算时，其计算结果一致，并使其风险减到最小的目的。

3.2.2.1 挖一般土方工程计量方法

挖一般土方工程量清单项目中包括场地平整和挖一般土方，下面介绍两个分项工程具体计算方法。

A 场地平整

场地平整的土方量有三角棱柱体积计算法和四方棱柱体积计算法两种计算方法。三角棱柱体积计算法比较麻烦，一般不常使用。下面介绍四方棱柱体积计算法。

四方棱柱体积计算法是在平面图上根据现场大小、地形变化和需要的精确度，来确定方格的大小，把现场划分为若干相等的正方形，地形变化大，要求精度高，正方形应划得小些；反之可以划得大些。方格和各角都编上号码，一般采用 5m×5m~20m×20m 方格。

在方格的每个角上，根据地形高和设计高之差注明应填应挖数（填用"–"表示，挖用"+"表示），如图 3-13 所示。

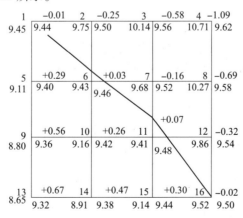

图 3-13　方格网

根据各角填挖数，计算出不填不挖处，标明在方格边线上，称为零点。零点求法如图 3-14 所示。

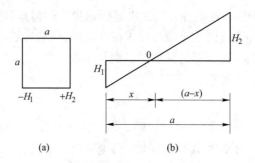

(a)　　　　　　　(b)

图 3-14　零点求法示意图

假定边长为 a 的方格，其中两个角的施工高度，一是填高 H_1，一是挖高 H_2。在这两个角之间必定有一个不填挖的零点，如图 3-15（a）所示。画一条水平线使长为 a，两端向上向下画垂线，分别代表 H_1 和 H_2 表示填、挖值。连接 H_1、H_2 的顶点，与水平线相交于 0 点，将水平线划分为两段，假定 0 点距 H_1 的距离为 x，则 0 点距离为（$a-x$），如图 3-15（b）所示。按照相似三角形的定理（H_1、H_2 均用绝对值），得 $x/(a-x)=H_1/H_2$，则 $x=H_1a/(H_1+H_2)$，这样就求得了 0 点距 H_1 的距离，用 a 减去 x，就可得到 0 点 H_2 的距离。

将各边上的零点依次连接起来，即为 0 点线（零点线），边线的一侧为挖方，另一侧为填方。分别计算各方格的填挖土方数，并整理汇总数。根据 0 点线穿过方格的情况分为全挖或全填、半填半挖（0 点线穿过方格）两种，需计算的图形底面分为三角形、梯形和五边形，如图 3-15 所示。

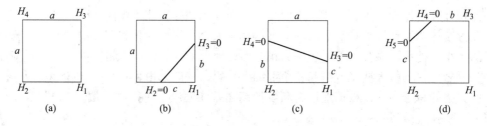

(a)　　　　　　(b)　　　　　　(c)　　　　　　(d)

图 3-15　填挖方面积计算

现在分别介绍各种情况下的土方量计算公式。

（1）正方形内全部为挖方或填方 ［见图 3-15（a）］：

$$V = \frac{a^2(H_1 + H_2 + H_3 + H_4)}{4} = \frac{1}{4}a^2 \sum H \tag{3-2}$$

底面为三角形的角锥体体积 ［见图 3-15（b）］：

$$V = \frac{1}{6}bcH_1 \tag{3-3}$$

底面为梯形的截棱柱体积 ［见图 3-15（c）］：

$$V = \frac{b+c}{2}\frac{a(H_1+H_2)}{4} = \frac{1}{8}a(b+c)(H_1+H_2) = \frac{1}{8}a(b+c)\sum H \tag{3-4}$$

底面为五边形的截棱柱体积［见图3-15（d）］：

$$V = \left[a^2 - \frac{(a-b)(a-c)}{2} \right] \frac{H_1 + H_2 + H_3}{5} = \frac{1}{10} \left[2a^2 - (a-b)(a-c) \right] \sum H \quad (3-5)$$

以上各计算式都是根据土方体积的一般通式来推算的，其通式的计算公式为：

$$V = FH \quad (3-6)$$

式中　　　　　　　V——挖方或填土方的体积，m^2；

　　　　　　　　　F——挖方或填方部分的底面积，m^2；

　　　　　　　　　H——挖方或填方部分的平均挖深或填高，m；

H_1，H_2，H_3，H_4——方格各角的挖深或填高，m；

　　　　$\sum H$——方格各角挖深和填高的总和，m；

　　　　　　　　　a——方格的每边长，m；

　　　　　　　　b，c——连接零点线后截出的边长，m。

B　一般土方

挖一般土石方的清单工程量可按原地面线与设计图示开挖线之间的体积计算。道路工程挖方体积（如路堑、路基断面形式），首先计算各桩号的设计断面面积，然后取两相邻设计断面面积的平均值乘以相邻断面之间的中心线长度计算挖方工程量。其计算公式为：

$$V = \frac{\sum (A_i + A_j)}{2} \times L_{i,j} \quad (3-7)$$

式中　V——道路挖方总体积；

　A_i，A_j——道路两相邻设计断面面积；

　$L_{i,j}$——道路相邻设计断面之间的中心线长度。

在道路工程中，采用具有一定精度又较为简便的近似方法来进行计算。常用的断面面积计算方法有积距法、混合法、AUTOCAD计算、专业软件计算和横截面法。截面法是工程项目中常用的方法，下面着重介绍截面法。

a　积距法

此种方法计算迅速，将填挖方断面，划分为水平向等高的三角形、梯形或矩形，用卡规量取各自的"平均宽度"并进行累积，累积宽度乘以高度即为面积。

b　混合法

对于面积较大的断面，可将其中间部分划分成规则的几何图形，用公式计算，其余用积距法计算，两者之和即为断面积。

c　AUTOCAD计算

如果使用R14、R2000绘制填挖方断面图，则可直接应用求算闭合图形面积的功能进行计算，但需注意设定的比例换算。

d　专业软件计算

目前，已经开发了多种道路工程设计软件，均具有土石方量计算功能。

e　横截面法

横截面法适用于起伏变化较大的地形或者狭长、挖填深度较大又不规则的地形，其计算步骤和方法如下。

（1）划分横截面。根据地形图、竖向布置或现场测绘，将要计算的场地划分为截面AA′、BB′、CC′、…，使截面尽量垂直于等高线或主要建筑物的边长，各截面简的间距可以不等，一般可用 10m 或 20m，在平坦地区可用大些，但最大不大于 100m。

（2）划横截面图形。按比例绘制每个横截面的自然地面和设计地面的轮廓线。自然地面轮廓线与设计地面轮廓线之间的面积，即为挖方或填方的截面。

（3）计算横截面面积。常用截断面面积计算公式见表3-7。

表3-7　常用截断面计算公式

横截面图式	截面积计算公式
	$A = h(b + nb)$
	$A = h\left[b + \dfrac{h(m+n)}{2}\right]$
	$A = b\dfrac{h_1 + h_2}{2} + nh_1h_2$
	$A = h_1\dfrac{a_1 + a_2}{2} + h_2\dfrac{a_2 + a_3}{2} + h_3\dfrac{a_3 + a_4}{2} + h_4\dfrac{a_4 + a_5}{2}$
	$A = \dfrac{a}{2}(h_0 + 2h + h_n)$ $h = h_1 + h_2 + h_3 + h_4 + h_5$

[例3-1]　如图 3-16（a）所示，设桩号 0+0.00 的填方横截面积为 2.70m²，挖方横截面积为 4.90m²；图 3-16（b）中，桩号 0+0.20 的填方横截面积为 2.45m²，挖方横截面积为 6.55m²，两桩之间的距离为 20m。

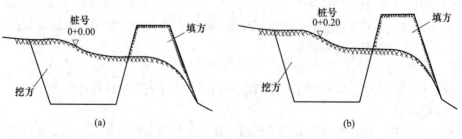

图 3-16　某挖填横断面示意图

试分别计算其挖填方量。

解：（1）计算工程量，见表3-8。

表 3-8　工程量表

编码	名称	单位	计算式	计算结果
040101001001	挖一般土方	m^3	$\frac{1}{2} \times (4.90+6.55) \times 20$	114.5
040103001001	回填方	m^3	$\frac{1}{2} \times (2.70+2.45) \times 20$	51.5

（2）编制工程量清单，见表3-9。

表 3-9　工程量清单

项目编码	项目名称	项目特征	计量单位	工程量
040101001001	挖一般土方	土壤类别：综合	m^3	114.5
040103001001	回填方	填方材料品种：原土回填	m^3	51.5

3.2.2.2　挖沟槽、基坑工程量计算方法

挖沟槽和基坑土石方的清单工程量，按原地面线以下构筑物最大水平投影面积乘以挖土深度（原地面平均标高至坑、槽底平均标高的高度）以体积计算，即：

$$V = ab(H - h) \tag{3-8}$$

式中　V——基坑或沟槽土方体积；

　　　　a——桥台垫层或管基垫层宽度；

　　　　b——桥台垫层或管基垫层长度；

　　　　H——原地面线平均标高；

　　　　h——基坑底或沟槽底平均标高。

桥台基坑挖方如图3-17所示，沟槽挖方如图3-18所示。

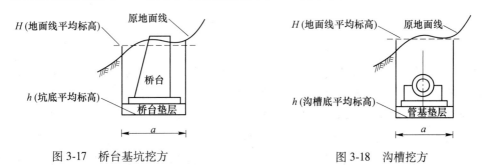

图 3-17　桥台基坑挖方　　　　　　图 3-18　沟槽挖方

沟槽、基坑填方的清单工程量，按相应的挖方清单工程量减包括垫层在内的构筑物埋入体积计算；如果设计填筑线在原地面以上的话，还应加上原地面线至设计线之间的体积。

因为管沟挖方的长度按管网铺设的管道中心线的长度计算，所以管网中的各种井的井

位挖方清单工程量必须扣除与管沟重叠部分的土方量。如图 3-19 所示的圆形井、矩形井，只计算画斜线部分的挖土方量。

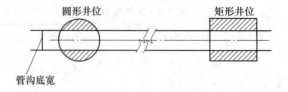

图 3-19　管沟与井位

采用明挖施工的桥涵基础，土方施工通常采用四面放坡的开挖形式，其基坑土方计算公式如下（式中符号含义见图 3-20）：

$$V = \frac{h}{6}(a^2 + b^2 + 4ab) + mh^2(a + b + \frac{2}{3}mh) \tag{3-9}$$

式中　V——基坑土方体积；

a——基坑底长；

b——基坑底宽；

h——基坑深度；

m——基坑边坡坡率。

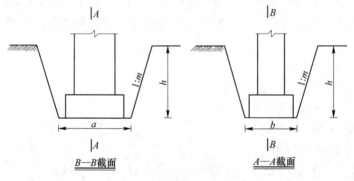

图 3-20　桥墩基坑示意图

3.2.2.3　回填方工程量计算方法

如图 3-2 路堤路基断面形式，首先计算各桩号的设计断面面积，然后取两相邻设计断面面积的平均值乘以相邻断面之间的中心线长度计算填方工程量。

每个单位工程的挖方与填方清单工程量应考虑进行填挖平衡调运，多余部分应列余方弃置的项目，不足部分应列缺方内运项目。如果招标文件中指明弃置地点的，应列明弃置点及运距；如果招标文件中没有列明弃置点的，将由投标人考虑弃置点及运距。缺少部分（即缺方部分）应列缺方内运清单项目。如果招标文件中指明取方点的，则应列明到取方点的平均运距；如果招标文件和设计图及技术文件中，对填方材料品种、规格有要求的也应列明，对填方密实度有要求的应列明密实度。如果遇到原有道路拆除，拆除部分应另列清单项目。道路的挖方量应不包括拆除量。

3.3 市政土石方工程清单计价

市政土石方工程的计价，实际上是道路、桥涵、市政管网等市政工程计价的一部分，因而土石方工程的计价，必须结合具体的工程项目予以考虑。一般情况下，挖一般土石方对应道路工程；挖沟槽土石方对应市政管网工程；挖基坑土石方对应桥涵护岸工程等。

市政土石方工程清单计价，应根据工程量清单，按照第 2 章工程量清单计价程序分析综合单价。综合单价应根据工程量清单的项目特征描述、工作内容及相关施工工艺等予以确定。各省或地区相关部门制定的工程量计价定额是招标人组合综合单价，编制招标控制价，衡量投标报价合理性的基础；投标人自主报价，其报价时可依据企业定额、市场价格并参考计价定额进行组价。本书结合《四川省建设工程工程量清单计价定额——市政工程（2020）》❶（以下简称《计价定额》），阐述工程量清单计价。在《计价定额》中，土石方工程分册分为 3 节，包括土方工程、石方工程、回填土及土石方运输。

3.3.1 土石方工程计价

3.3.1.1 土石方工程计价定额说明

A 土方工程说明

（1）在挡土板支撑下挖土，按相应定额项目人工乘以系数 1.43，先开挖后支撑时不属支撑下挖土。

（2）人工挖一般土方，深度大于 2m 时，定额按表 3-10 乘以系数。

表 3-10 人工挖一般土方调整系数

深度/m	≤4	≤6	≤8	≤10	≤12	>12
调整系数	1.06	1.12	1.24	1.36	1.48	1.65

（3）人工挖沟槽、基坑土方，定额内已包括槽、坑底打夯的人工。

（4）机械挖、运淤泥、流砂，按机械挖、运土方、沟槽、基坑相应定额乘以系数 1.5。

（5）机械土石方作业的坡度因素已综合考虑在定额内，坡度不同时，定额不做调整。

（6）挖土、装土机械在垫板上作业，定额不做调整，但定额未包括搭拆垫板的人工费、材料费和机械费，发生时另行计算。

（7）取土回填，若取松土（虚方），按机械装运土方相应定额执行；若取天然密实土，按机械挖土方，汽车配合运土相应定额项目执行，但基本运距定额项目乘以系数 0.9。

B 石方说明

（1）人工凿一般石方、沟槽、基坑石方，手持风动凿岩机凿一般石方、沟槽、基坑石方，其深度大于 2m 时，定额按表 3-11 乘以系数。

---

❶ 四川省建设工程造价总站. 四川省建设工程工程量清单计价定额——市政工程 [M]. 成都：四川科学技术出版社，2020.

表 3-11　人工凿一般石方、沟槽及基坑石方调整系数

深度/m	≤4	≤6	≤8	≤10	>10
调整系数	1.06	1.12	1.24	1.36	1.52

（2）石方爆破执行《四川省建设工程工程量清单计价定额——构筑物工程、爆破工程、建筑安装工程费用、附录（2020）》❶相应定额项目。

（3）工程量计算规则。本定额的土石方挖、推、装、运体积均按挖掘前的天然密实体积计算，土石方回填按回填后的竣工（设计）体积计算。不同状态的土、石方体积分别按表 3-12 土方体积折算系数表和表 3-13 石方体积折算系数表中相关系数换算。

表 3-12　土方体积折算系数表

天然密实体积	虚方体积	夯实后体积	松填体积
0.77	1.00	0.67	0.83
1.00	1.30	0.87	1.08
1.15	1.50	1.00	1.25
0.92	1.20	0.80	1.00

表 3-13　石方体积折算系数表

石方类别	天然密实体积	虚方体积	松填体积	码方
石方	1.0	1.54	1.31	
块石	1.0	1.75	1.43	1.67
砂砾石	1.0	1.07	0.94	

3.3.1.2　一般土石方计价定额工程量计算规则

（1）挖一般土方是指底面积大于 150m² 的挖土石方，厚度大于 ±300mm 的竖向布置挖土石方或山坡切土石方。

（2）场地平整可采用平均开挖深度乘以开挖面积的计算方法。

（3）开挖线起伏变化不大时，采用方格网的计算方法。

（4）当地形起伏变化较大或狭长、挖填深度较大又不规则时，采用横截面法计算土方工程量。

3.3.1.3　沟槽土石方计价定额工程量计算规则

（1）沟槽长度。排水管道主管按管道的设计轴线长度计算，支管按支管沟槽的净长线计算；构筑物按设计轴线长度计算；给水、燃气管道中的井、管道及管座分别计算，主管按设计轴线净长线计算，支管按支管沟槽的净长线计算。

（2）沟槽、基坑深度。构筑物按基础的结构形式和埋深分别计算；当管道基础为带形基础时，按原地面高程减设计管道基础底面高程计算，设计有垫层的，还应加上垫层的厚度；当管道基础为管座时，按原地面高程减设计管底高程加管壁厚度计算。施工组织设计有明确施工顺序的，按施工组织设计计算。

（3）沟槽、基坑底宽按施工组织设计计算。如果无明确规定，应按以下规则执行：

---

❶　四川省建设工程造价总站．四川省建设工程工程量清单计价定额——构筑物工程、爆破工程、建筑安装工程费用、附录 [M]．成都：四川科学技术出版社，2020.

1）混凝土基础，按基础外缘加两侧工作面宽度计算，混凝土垫层不计工作面宽度；

2）管道（无基础），按其管道外径加两侧工作面宽度计算；

3）砂石基础，按设计图示尺寸计算；

4）需支设挡土板的沟槽底宽除按以上规则计算外，每侧另加 0.1m；

5）每侧所需工作面宽度按表 3-14 计算。

表 3-14　管沟开挖工作面宽度表

管径/mm	非金属管道/mm	金属管道/mm	构筑物/mm	
			无防潮层	有防潮层
500 以内	400	300	400	600
1000 以内	500	400		
2000 以内	600	500		
2500 以内	500	400		

（4）沟槽、基坑放坡应根据施工组织设计要求的坡度计算。如果施工组织设计无明确规定时，可按表 3-15 计算。

表 3-15　沟槽、基坑放坡系数

土类别	放坡起点/m	人工挖土	机械挖土		
			在沟槽、坑内作业	在槽侧、坑边上作业	顺沟槽方向坑上作业
一、二类土	1.20	1：0.50	1：0.33	1：0.75	1：0.50
三类土	1.50	1：0.33	1：0.25	1：0.67	1：0.33
四类土	2.00	1：0.25	1：0.10	1：0.33	1：0.25

注：沟槽、基坑中土类别不同时，分别按其放坡起点、放坡系数，依不同土类别厚度加权平均计算。

（5）沟槽放坡挖土在边坡交接处产生的重复工程量不扣除。排水管道的井位加宽、管座基坑、集水坑挖土等不再计算。当排水管道沟槽为直槽时，井位加宽按直槽挖方总量的 1.5% 计算。

（6）机械挖土方中，如果需人工辅助开挖（包括死角、槽坑底预留厚度、修整底、边等），应按施工组织设计规定计算；如果无明确规定，可按表 3-16 规定计算，其人工挖土石方按相应定额乘以系数 1.30。

表 3-16　人工辅助开挖土方系数

土方工程量/m²	不大于 $1×10^4$	不大于 $5×10^4$	不大于 $10×10^4$	不大于 $50×10^4$	不大于 $100×10^4$	大于 $100×10^4$
人工挖土工程量/%	8	5	3	2	1	0.6

注：表中所列的工程量系指一个独立的施工组织设计所规定范围的土方工程总量。

（7）人工修整边坡工程量，依设计规定需修整边坡的面积以"m²"计算。

（8）土石方回填应扣除基础、垫层、构筑物及管径大于 200mm 的管道占位体积。

（9）土石方运输距离及运输方式按施工组织设计确定，运距以挖、填区的重心之间的直线距离计算，也可按挖方区重心至弃土区重心之间的实际行驶距离计算，或按循环路线 1/2 距离计算。当弃、置土运距大于 15km 时，不再执行定额项目，按社会运输价计算。

（10）挡土板支撑面积按两侧挡土板面积之和以"m²"计算。如果一侧支挡土板时，按一侧的面积计算工程量。

1）不考虑工作面及放坡。不考虑工作面及放坡的沟槽工程量计算如图 3-21（a）所示，计算公式为：

$$V_槽 = bhl_槽 \tag{3-10}$$

式中　$V_槽$——沟槽工程量，m³；

　　　b——垫层宽度，m；

　　　h——挖土深度，m；

　　　$l_槽$——沟槽长度，m。

2）考虑工作面或放坡。

① 不放坡、留工作面的沟槽工程量计算。如图 3-21（b）所示，计算公式为：

$$V = (b + 2c)hl \tag{3-11}$$

式中　V——沟槽工程量，m³；

　　　b——垫层宽度，m；

　　　h——挖土深度，m；

　　　l——沟槽长度，m；

　　　c——工作面宽度，m。

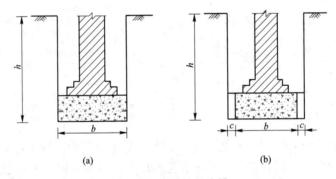

(a)　　　　　　　　　　　(b)

图 3-21　不放坡的沟槽

（a）不放坡，不留工作面；（b）不放坡，留工作面

② 双面放坡、不支挡土板、基础底宽为 a，留工作面的沟槽工程量计算公式如下。

垫层下表面放坡，如图 3-22（a）所示，其计算公式为：

$$V = (b + 2c + kh)hl \tag{3-12}$$

式中　k——放坡系数。

垫层上表面放坡，且 $b = a + 2c$［见图 3-22（b）］，其计算公式为：

$$V = [(b + kh_1)h_1 + bh_2]l \tag{3-13}$$

式中　h_1——基础高度；

　　　h_2——垫层高度。

垫层上表面放坡，且 $b < a + 2c$［见图 3-22（c）］，其计算公式为：

$$\cdot\ V = \{[(a + 2c) + kh_1]h_1 + bh_2\}l \tag{3-14}$$

式中　a——基础宽度。

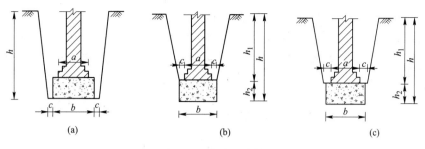

图 3-22 放坡的沟槽

（a）垫层下表面放坡；（b）垫层上表面放坡；（c）垫层上表面放坡

[**例 3-2**] 成都市区某工程人工挖沟槽（三类土），沟槽尺寸如图 3-23 所示。其中，沟槽长 25m，工作面放出 400mm，从垫层下表面开始放坡。

扫码查看
例题讲解

试计算沟槽土方清单计价（按增值税一般计税模式编制招标控制价，材料价按招标控制价编制当期工程造价信息计取，无信息价采取市场价；人工费调整按招标控制价编制当期四川省建设工程造价管理总站颁布相关文件执行）。

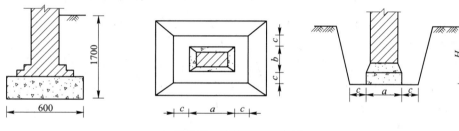

图 3-23 沟槽开挖示意图

解：（1）沟槽定额工程量为：

$$V_{槽} = \left[(1.4 + 1.4 + 0.33 \times 1.7 \times 2) \times 1.7 \div 2) \right] \times 25 = 83.34 (\mathrm{m}^3)$$

（2）沟槽清单工程量为：

$$V_{槽} = 0.6 \times 1.7 \times 25 = 25.5 (\mathrm{m}^3)$$

工程量清单见表 3-17。

表 3-17 分部分项工程量清单

项目编码	项目名称	项目特征	计量单位	工程量
040101002001	挖沟槽土方	1. 土壤类别：三类土； 2. 挖土深度：1.7m	m^3	25.5

依据《计价定额》确定综合单价，具体如下。

（1）定额工程量为 83.34m³，清单工程量为 25.5m³。

（2）定额选择：依据项目特征选择 20 定额 DA0012 人工挖沟槽、基坑土方，基价为 31.71 元/m³。其中人工费 25.65 元/m³，综合费 6.06 元/m³。

1）人工费调整。按四川省建设工程造价管理总站发布的文件规定，当期的人工费调整系数为 10.55%。

调整后人工费 = 25.65×(1+10.55%) = 28.356(元/m³)。

2）综合费按规定编制招标控制价时不调整。

（3）调整后人工挖沟槽、基坑土方定额单价 = 28.356+6.06 = 34.416(元/m³)。

（4）人工挖沟槽、基坑土方综合单价 = (34.416×83.34)÷25.5 = 112.48(元/ m³)。

将人工挖沟槽、基坑土方综合单价填入招标工程量清单并计算合价，得人工挖沟槽、基坑土方项目计价表，见表 3-18。（其中，定额人工费 = 25.65×83.38 = 2137.67 元；定额机械费为零）

表 3-18　分部分项清单计价表

序号	项目编码	项目名称	项目特征描述	计量单位	工程量	金额/元				
						综合单价	合价	其中		
								定额人工费	定额机械费	暂估价
1	040101002001	挖沟槽土方	1. 土壤类别：三类土； 2. 挖土深度：1.7m	m³	25.50	112.48	2867.73	2137.67	0.00	

[例 3-3]　位于成都市区的某工程沟槽沟深 4.5m，采用木挡板支撑，其支撑高度为 1.5m，按一侧木支撑考虑，长度 40m。

试计算其工程量并进行清单计价（按增值税一般计税模式编制招标控制价，材料价按招标控制价编制当期工程造价信息计取，无信息价采取市场价；人工费调整按招标控制价编制当期四川省建设工程造价管理总站颁布相关文件执行）。

扫码查看
例题讲解

解：依据《计价定额》确定综合单价，具体如下。

（1）定额工程量 = 清单工程量 = 60m²，见表 3-19。

表 3-19　分部分项工程量清单

项目编码	项目名称	项目特征	计量单位	工程量
040101001002	木挡土板	1. 挡土板高度：1.5m； 2. 挡土板材料：复合木板	m²	60

（2）定额选择，依据土石方工程定额说明中的其他说明。如无特殊说明，沟槽深不大于 4m 时，可执行疏撑项目，沟槽深大于 4m 时，可执行密撑项目。一侧支撑挡土板时，人工乘以系数 1.33，除挡土板外，其他材料乘以系数 2.0。故选择 20 定额 DA0030 木挡土板，基价为 14.86 元/m²，其中人工费 5.38 元/m²，材料费 8.21 元 m²，综合费 1.27 元/m²。

1）人工费调整。按四川省建设工程造价管理总站发布的文件规定，当期的人工费调整系数为 10.55%。

调整后人工费 = 5.38×(1+10.55%)×1.33 = 7.91029(元/m²)。

2）材料费调整。从定额 DA0030 可知，木挡土板使用的材料有杉原木综合、二等锯材及其他材料费。

① 杉原木综合材料价调整，杉原木定额消耗量为 0.0018m³/m²，杉原木当期不含税信息价为 1375 元/m³。

调价后杉原木实际费用 = 0.0018×1375 = 2.475（元/m²）。

② 二等锯材材料价调整，二等锯材定额消耗量为 0.0042m³/m²，二等锯材当期不含税信息价为 1200 元/m³。

调价后二等锯材实际费用 = 0.0042×1200×2 = 10.08（元/m²）。

③ 其他材料费调整，调价后其他材料费实际费用 = 0.6053×2 = 1.2106（元/m²）。

④ 材料费合计 = 2.475+10.08+1.2106 = 13.7656（元/m²）。

3）综合费按规定编制招标控制价时不调整。

（3）调整后木挡土板定额单价 = 7.91029+13.7656+1.27 = 22.93（元/m²）。

（4）木挡土板综合单价 = （22.93×60）÷60 = 22.93（元/m²）。

将木挡土板综合单价填入招标工程量清单并计算合价，得木挡土板项目计价表，见表 3-20。其中定额人工费 = 5.38×1.33×60 = 429.32（元）；定额机械费为 0。

表 3-20　分部分项清单计价表

序号	项目编码	项目名称	项目特征描述	计量单位	工程量	金额/元				
						综合单价	合价	其中		
								定额人工费	定额机械费	暂估价
1	040101001002	木挡土板	1. 挖土深度：4.5m； 2. 挡土板高度：1.5m； 3. 挡土板材料：复合木板	m²	60	22.93	1375.32	429.32	0.00	

3.3.1.4　基坑土石方计价定额工程量计算规则

当底长不大于 3 倍底宽，且底面积不大于 150m² 时，执行挖基坑土方计算规则（如柱基础、设备基础等的土方挖掘）。基坑的形状有矩形和圆形，可以放坡也可以不放坡。

A　矩形基坑

a　不放坡的矩形基坑

不放坡的矩形基坑工程量的计算公式为：

$$V = Hab \tag{3-15}$$

式中　V——基坑工程量，m³；

H——基坑深度，m；

a——基础垫层长度，m；

b——基础垫层宽度，m。

b　放坡的矩形基坑

放坡的矩形基坑如图 3-24 所示，工程量计算公式为：

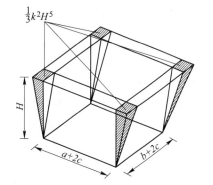

图 3-24　矩形基坑体积

$$V = (a + 2c + kH)(b + 2c + kH)H + \frac{1}{3}k^2H^3 \tag{3-16}$$

式中　c——工作面宽度，m；

K——放坡系数。

[例 3-4]　图 3-25 为成都市区某工程的方形基坑，图示尺寸已含工作面宽度（每边 300mm）。土方类别为四类土，采用人工挖土方式。

扫码查看
例题讲解

试对基坑土方清单计价（按增值税一般计税模式编制招标控制价，材料价按招标控制价编制当期工程造价信息计取，无信息价采取市场价；人工费调整按招标控制价编制当期四川省建设工程造价管理总站颁布相关文件执行）。

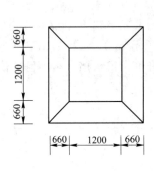
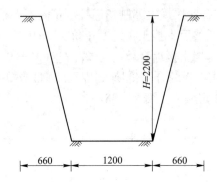

图 3-25　某矩形基坑示意图

解：（1）基坑土方清单工程量为：

$$V = (1.2 - 0.3 \times 2)^2 \times 2.2 = 0.792(\text{m}^3)$$

（2）基坑土方定额工程量为：

$$V = (1.2 + 2 \times 0.3 + 0.25 \times 2.2) \times (1.2 + 2 \times 0.3 + 0.25 \times 2.2) \times$$

$$2.2 + \frac{1}{3} \times 0.25^2 \times 2.2^3 = 12.37(\text{m}^3)$$

依据《计价定额》确定综合单价，具体如下。

（1）清单工程量 $= 0.792\text{m}^3$；定额工程量 $= 12.37\text{m}^3$。

（2）定额选择：依据项目特征选择 20 定额 DA0013 挖土方，基价为 38.909 元/m^3。其中，人工费 28.26 元/m^3，综合费 6.669 元/m^3。

1）人工费调整。按四川省建设工程造价管理总站发布的文件规定，当期的人工费调整系数为 10.55%。

调整后人工费 $= 28.26 \times (1 + 10.55\%) = 31.24$（元/$\text{m}^3$）。

2）综合费按规定编制招标控制价时不调整。

（3）调整后挖土方定额单价 $= 31.24 + 6.669 = 37.909$（元/m^3）。

（4）挖土方综合单价 $= (37.909 \times 12.37) \div 0.792 = 592.0888$（元/$\text{m}^3$）。

将挖土方综合单价填入招标工程量清单并计算合价，得挖土方项目计价表，见表 3-21。其中，定额人工费 $= 28.26 \times 12.37 = 349.58$（元）；定额机械费 $= 0$。

B　圆形基坑

a　不放坡的圆形基坑

不放坡的圆形基坑计算公式为：

$$V = H\pi R^2 \tag{3-17}$$

式中　　V——基坑工程量，m^3；

　　　　H——基坑深度，m；

　　　　R——垫层半径，m。

表 3-21　分部分项清单计价表

序号	项目编码	项目名称	项目特征描述	计量单位	工程量	金额/元				
						综合单价	合价	其中		
								定额人工费	定额机械费	暂估价
1	040101003001	挖基坑土方	1. 四类土； 2. 人工挖土； 3. 不考虑工作面和放坡	m^3	0.792	593.61	468.95	349.58	0.00	

　　b　考虑工作面和放坡的圆形基坑

　　考虑工作面和放坡的圆形基坑的计算公式为：

$$V = \frac{1}{3}\pi H(R_1^2 + R_2^2 + R_1 R_2) \tag{3-18}$$

式中　　R_1——坑底半径，m；

　　　　R_2——坑上底半径，m；

3.3.2　回填方及土石方运输计价

　　回填方及土石方运输定额工程量计算规则如下。

　　（1）土石方回填应扣除基础、垫层、构筑物及管径大于 200mm 的管道占位体积。

　　（2）土石方运输距离及运输方式按施工组织设计确定，运距以挖、填区的重心之间直线距离计算，也可按挖方区重心至弃土区重心之间的实际行驶距离计算，或按循环路线的二分之一距离计算。当弃、置土运距大于 15km 时，不再执行定额项目，按社会运输价计算。

　　（3）沟槽、基坑的回填土体积按挖方工程量减去自然地坪下埋设的基础体积（包括基础垫层及其他构筑物），其计算公式为：

$$V = V_1 - V_2 \tag{3-19}$$

式中　　V——基础回填土体积，m^3；

　　　　V_1——沟槽、基坑挖方体积，m^3；

　　　　V_2——设计室外地坪以下埋设的基础体积，m^3。

　　［例 3-5］　已知成都市区某道路路基工程，沟槽挖方工程量为 960m³，填方工程量为 750m³，经土方平衡后，仍有 210m³ 余方需要余土弃置，见表 3-22。路基填土压实拟用压路机碾压，碾压厚度每层不超过 30cm，并分层检验密实度，达到要求的密实度后再填筑上一层。余方弃置采用挖掘机挖土自卸汽车运土，要求运至 6km 处弃置点。

　　试对该道路工程进行回填方及余方弃置的清单计价（按增值税一般计税

扫码查看
例题讲解

模式编制招标控制价，材料价按招标控制价编制当期工程造价信息计取，无信息价采取市场价；人工费调整按招标控制价编制当期四川省建设工程造价管理总站颁布相关文件执行）。

表 3-22　分部分项工程量清单

项目编码	项目名称	项目特征	计量单位	工程量
040103001001	回填方	1. 原土回填； 2. 压路机碾压； 3. 密实度95%	m³	750
040103002001	余方弃置	1. 自卸汽车运土； 2. 运距 6km	m³	210

解：（1）土方回填。依据《计价定额》确定综合单价，具体如下：

1）定额工程量＝清单工程量＝750m³。

2）定额选择。依据项目特征选择定额 DA0137 机械回填碾压，基价为 5. 89232 元/m³。其中，人工费 1. 173 元/m³，材料费为 0. 014 元/m³，机械费为 3. 8499 元/m³，综合费 0. 85542 元/m³。

① 人工费调整。按四川省建设工程造价管理总站发布的文件规定，当期的人工费调整系数为 10. 55%。

调整后人工费＝1. 173×(1+10. 55%)＝1. 29675(元/m²)。

② 材料费调整。由定额 DA0137 可知，使用的材料有水。

水材料价调整，水定额消耗量为 0. 005m³/m³，水当期不含税信息价为 3. 69 元/m³。

调价后水实际费用＝0. 005×3. 69＝0. 01845(元/m³)。

材料费合计＝0. 01845(元/m³)。

③ 机械费调整。查定额该子目柴油消耗量为 0. 38747L/m³，汽油消耗量为 0. 033335L/m³，柴油定额单价为 6 元/L，汽油定额单价为 6. 5 元/L。已知柴油不含税价格为 6. 85 元/L，汽油不含税价格为 7. 89 元/L。

调整后机械费＝3. 8499+(6. 85-6)×0. 38747+(7. 89-6. 5)×0. 33335＝4. 642606(元/m³)。

④ 综合费按规定编制招标控制价时不调整。

3）调整后机械回填碾压定额单价＝1. 29675+0. 01845+4. 642606+0. 85542＝6. 81(元/m³)。

4）机械回填碾压综合单价＝(6. 81×750)÷750＝6. 81(元/m³)。

将机械回填碾压综合单价填入招标工程量清单并计算合价，得机械回填碾压项目计价表，见表 3-23。其中，定额人工费＝1. 173×750＝879. 75（元）；定额机械费＝3. 8499×750＝2887. 43(元)。

（2）余方弃置

依据《计价定额》确定综合单价，具体如下。

1）定额工程量＝清单工程量＝210m³。

2）定额选择：依据项目特征选择《计价定额》组合为 "DA0162＋DA0163×5"：

DA0162 为机械装运土，全程运距不大于 15km（运距不大于 1000m）；DA0163 为机械装运土，全程运距不大于 15km（每增运 1000m）。

表 3-23　分部分项清单计价表

序号	项目编码	项目名称	项目特征描述	计量单位	工程量	综合单价	合价	定额人工费	定额机械费	暂估价
1	040103001001	回填方	1. 原土回填； 2. 压路机碾压； 3. 密实度 95%	m²	750.00	6.81	5107.50	879.75	2887.43	

金额/元 列中"其中"跨 定额人工费、定额机械费、暂估价 三列。

3）DA0162 为机械装运土，全程运距不大于 15km（运距不大于 1000m），基价为 6.34935 元/m³。其中，人工费 1.1958 元/m³，材料费 0.03024 元/m³，机械费为 3.91675 元/m³，综合费 1.20656 元/m³。

DA0163 为机械装运土，全程运距不大于 15km（每增运 1000m），基价为 1.38636 元/m³。其中，人工费 0.19776 元/m³，机械费为 0.92389 元/m³，综合费 0.26471 元/m³。根据项目特征描述，运距为 6km，则此项定额应乘以 5。

① 人工费调整。按四川省建设工程造价管理总站发布的文件规定，当期的人工费调整系数为 10.55%。

调整后人工费 =（1.1958 + 0.19776 × 5）×（1 + 10.55%）= 2.41508（元/m³）。

② 材料费调整。由定额 DA0162 可知，余方弃置使用的材料有水，定额 DA0163 中没有材料费。

水材料价调整，水定额消耗量为 0.011m³/m³，水当期不含税信息价为 3.69 元/m³。

调价后水实际费用 = 0.011×3.69 = 0.04059（元/m³）。

③ 机械费调整。柴油汽油价格调整。查定额 DA0162 子目柴油消耗量为 0.376122L/m³，汽油消耗量为 0.010417L/m³，查定额 DA0163 柴油消耗量为 0.084735L/m³；柴油定额单价为 6 元/L，汽油定额单价为 6.5 元/L，根据题目要求查信息价得知柴油不含税价格为 6.85 元/L，汽油不含税价格为 7.89 元/L。

调整后机械费 = 3.91675 + 0.92389×5 +（6.85 − 6）× 0.376122 +（7.89 − 6.5）× 0.010417 +（6.85 − 6）×0.084375×5 = 9.22898（元/m³）。

④ 综合费按规定编制招标控制价时不调整。

4）计算定额组合综合费 = 1.20656 + 0.26471×5 = 2.53011（元/m³）。

5）调整后机械装运土定额单价 = 2.41508 + 0.04059 + 9.22898 + 2.53011 = 14.21476（元/m³）。

6）机械装运土综合单价 =（14.21476×210）÷210 = 14.21（元/m³）。

将机械装运土综合单价填入招标工程量清单并计算合价，得机械装运土项目计价表，见表 3-24。

其中，定额人工费 =（1.1958 + 0.19776×5）×210 = 458.77（元）；定额机械费 =（3.91675 + 0.92389×5）×210 = 1972.60（元）。

表 3-24　分部分项清单计价表

序号	项目编码	项目名称	项目特征描述	计量单位	工程量	综合单价	合价	定额人工费	定额机械费	暂估价
								金额/元 其中		
1	040103002001	余方弃置	1. 自卸汽车运土; 2. 运距 5km	m³	210	14.21	2984.10	458.77	1792.60	

[例 3-6]　综合示例。某市 GCD 道路土方工程,修筑起点 K0+000,终点 K0+400,路基设计宽度为 15m,该路段内既有填方,也有挖方。

道路工程土方计算见表 3-25,请编制工程量清单并进行综合单价计算。

扫码查看
例题讲解

解:(1)计算土方工程量。计算道路工程土方量,见表 3-25。

表 3-25　道路工程土方计算表

桩号	距离/m	挖 土 断面积/m²	平均断面积/m²	体积/m³	填 土 断面积/m²	平均断面积/m²	体积/m³	备注
k0+000		0			3.2			
	50		0	0		3.8	190	
k0+050		0			4.4			
	50		0	0		4.7	235	
k0+100		0			5			
	50		0	0		5.4	270	
k0+150		0			5.8			
	50		0	0		5	250	
k0+200		0			4.2			
	50		0	0		4.2	210	
k0+250		2.2			2.2			
	50		4.3	215		0	0	
k0+300		6.4			0			
	50		8.5	425		0	0	
k0+350		10.6			0			
	50		11.6	580		0	0	
k0+400		12.6			0			
合计				1220			1150	

根据道路土方工程量计算表可看出:挖方工程量为 1220m³,填方工程量为 1150m³,经土方平衡后,仍有 70m³ 余方需要余土弃置。

（2）编制土方工程工程量清单，见表3-26。

表3-26　分部分项工程量清单

工程名称：GCD道路

序号	项目编码	项目名称	计量单位	工程数量
1	040101001001	挖一般土方	m^3	1220
2	040103001001	填方	m^3	1150
3	040103002001	余方弃置	m^3	70

（3）工程量清单综合单价计算。根据施工方案，选择合适的定额项。

1）挖土，拟采用挖掘机挖土自卸汽车运土进行土方平衡，从道路工程土方计算表中可以看出，平衡场内土方运距在500m以内，土方纵向平衡调运由机械完成。

2）机械作业不到的地方由人工完成，人工挖土方量考虑占总挖方量的8%，即$1220 \times 8\% = 97.6（m^3）$，机械挖土为$1220 - 97.6 = 1122.4（m^3）$。

3）余方弃置仍采用挖掘机挖土自卸汽车运土。

4）达到要求的密实度后再填筑上一层。

根据工作内容，选择合适的定额项，组成不同分部分项工程清单的综合单价。

（4）综合单价的计算结果见表3-27。

表3-27　分部分项工程量清单与计价表

工程名称：GCD道路　　　　　　　　　　　　　　　标段：

序号	项目编码	项目名称	项目特征描述	计量单位	工程量	综合单价	合价	其中暂估价
1	040101001001	挖一般土方	土壤类型：综合挖土 深度：详见设计文件	m^3	1220	35.95	43859	
2	040103001001	填方	填方材料：原土回填 密实度：达到规范要求	m^3	1150	6.22	7153	
3	040103002001	余方弃置	运距：综合	m^3	70	11.89	832.3	
			合　　计				51844.3	

本 章 小 结

（1）本章主要介绍市政土石方工程基础知识，以及土石方工程计量与计价。

（2）市政工程土石方基础知识包括市政道路工程、桥涵护岸工程、市政管网、市政广场四个方面的内容。市政道路介绍路基的断面类型及其施工方法。桥涵护岸工程介绍陆地和水中的基坑开挖、排水及检验处理。管网工程介绍管网施工，沟槽开挖、支撑，沟壁处理，以及土方回填。市政广场介绍其施工。

（3）市政工程土石方工程工程量清单计量包括土石方清单项目的介绍、清单工程量的计算规则和计算方法。计算方法包括道路土石方、平整场地、基坑土石方清单工程量的计算方法。

（4）市政工程土石方工程清单计价包括对定额的相关介绍，以及一般土石方、基坑土石方、沟槽土石方的清单计价。

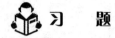 习　　题

1. 简答题

（1）简述市政工程土石方分类。

（2）简述路基土方施工的施工工序。

（3）软地基处理方法有哪些？

（4）简述陆地基坑的基坑开挖方法及其适用情况。

（5）基坑排水方法有哪些？

（6）沟槽开挖断面形式有哪几种？

（7）简述沟槽人工开挖。

（8）在哪些情况下需要考虑支撑？

（9）简述沟槽支撑的结构形式。

（10）清单项目中的"挖沟槽土方""挖基坑土方""挖一般土方"应如何区分？

2. 计算题

（1）某市四号道路一段修筑起点 K1+200，终点 K1+325（见图 3-26），路面采用沥青混凝土铺筑，路面宽度 16m，路肩各宽 1.5m，土质为三类土，余方运至 5km 处弃置，填方要求密实度达到 95%。试用横断面法计算该段道路的土方量。

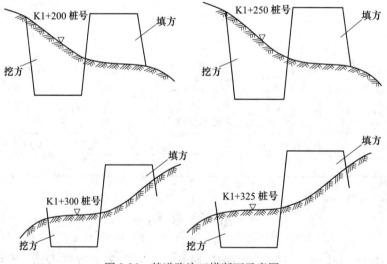

图 3-26　某道路施工横断面示意图

（2）某污水管道工程沟槽开挖，采用机械和人工开挖，机械挖沿沟槽方向长度，人工用来清理沟底，土壤类别为四类土，原地面平均标高为 4.6m，设计槽坑底平均标高为 1.80m，管道垫层设计宽为 1.5m，沟槽全长 1.6km，如图 3-27 所示。试计算该污水管道工程清单土方工程量。

（3）某梁桥桥墩基础为混凝土基础，基础垫层为无筋混凝土，长为 12.86m，宽为 8.64m，基础垫层厚度为 25cm，垫层底面标高为 4.50m，原地面平均标高为 8.75m，其中岩石（松石）平均标高为 6.5m，

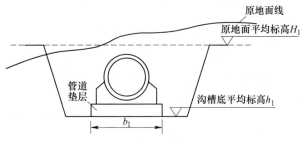

图 3-27　某沟槽挖方示意图

土壤类别为四类土。试计算该工程土（石）方清单工程量。

（4）某雨水管道工程，长为 50m，断面如图 3-28 所示，土方回填至原地面高，无检查井。槽内铺设 $\phi800mm$ 钢筋混凝土平口管，管壁厚 0.12m，管下混凝土基座为 0.4849m^3/m。基座下碎石垫层 0.24m^3/m。试确定该沟槽填土压实（机械回填；10t 压路机碾压，密实度为 97%）的清单工程量。

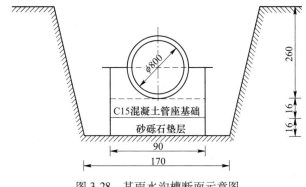

图 3-28　某雨水沟槽断面示意图

（5）某雨水管道工程资料如题 3-4 所示，要求余土外运，运距 5km。试计算该工程余土外运清单工程量。

（6）某道路工程位于某市三环路内，设计红线宽 60m，为城市快速道。工程设计起点 K04+00，设计终点 K05+00，设计全长 100m，道路断面形式为四块板，其中快车道 15m×2，慢车道 7m×2，中央绿化分隔带 5m，快慢车道绿化分隔带 3m×2，人行道 2.5m×2；段内设污、雨水管各 2 条。绿化分隔带内植树 90 棵。

道路路基土方（三类土）工程量计算，参考道路纵断面图每隔 20m 取一个断面，按由自然地面标高分别挖（填）至快车道、慢车道、人行道路基标高计算，树坑挖方量单独计算，树坑长宽为 0.8m×0.3m，深度为 0.8m。由于无挡墙、护坡设计，土方计算至人行道嵌边石外侧。当原地面标高大于路基标高时，路基标高以上为道路挖方，以下为沟槽挖方，沟槽回填至路基标高；道路、排水工程土方按先施工道路土方，后施工排水土方计算。当原地面标高小于路基标高时，原地面标高至路基之间为道路回填，沟槽挖方、回填以原地面标高为准。道路纵断面标高数据见表 3-27。

施工方案：本工程要求封闭施工，现场已具备三通一平，需设施工便道解决交通运输。因地形复杂，土方工程量大，采用坑内机械挖土，辅助人工挖土的方法；挖土深度超过 1.5m 的地段放坡，放坡系数为 1：2.5。所有挖方均弃置于 5km 外，所需绿化耕植土从 2km 处运入。本工程无预留金，所有材料由投标人自行采购，道路程中的弯沉测试费列入措施项目清单，由企业自主报价。

试对该工程进行土石方工程计量与计价，道路纵断面图标高数据表见表 3-28。

表 3-28　道路纵断面图标高数据表

路面设计标高/m	515.820	516.120	516.420	517.200	517.020	517.320
路基设计标高/m	515.070	515.370	515.670	515.970	516.270	516.570
原地面标高/m	515.360	515.420	516.830	516.720	517.300	519.390
桩　号	K01+00	K04+20	K04+40	K04+60	K04+80	K05+00

4.1 道路工程基础知识

道路可分为公路、城市道路、专用道路等，它们在结构构造方面无本质区别，但在功能、所处地域、管辖权限等方面有所不同。公路是指联通全国各行政区划之间的汽车道路交通网络，一般由国家或各省管辖。城市道路是市区内交通运输的通道，同时也是各种管线的走廊和城区区划的界线，具有城市规划骨架的作用。为某种特定需要而开辟专用道路的一种特殊类型的道路交通被称为专用道路，如矿山道路、军用道路等。本章道路工程，除特别说明外均指城市道路工程，城市道路工程是市政工程的重要组成部分。

4.1.1 道路工程结构

4.1.1.1 道路工程的组成

城市道路在空间上是一条带状的实体构筑物，一般由主体工程和附属工程组成。主体工程包括机动车道（快、慢车道）、非机动车道、分隔带（绿化带）。附属工程由人行道、侧平石、排水系统及各种管线组成，特殊路段可能会修筑挡土墙，立交或平面交叉等。城市道路工程横断面结构详如图 4-1 所示。

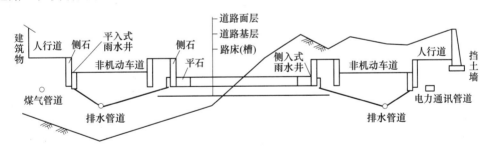

图 4-1　城市道路横断面结构示意图

机动车道是城市道路工程的主体，按照结构组成可分为路基和路面两大部分。由土体修筑的部分称为路基，在路基之上采用工程材料由人工或机械铺筑的部分称为路面。了解道路工程的分级分类，有助于理解工程量清单的项目划分及定额的运用，从而对深入对道路工程计量与计价的学习。

4.1.1.2 道路工程分类

A　路幅形式

根据道路功能、交通组成、交通量大小及地形地貌条件，结合城市道路横断面的车行道、人行道、绿化带、分隔带等各部分的多种组合形式，按组合形式的不同，将车行道的横向布置分为一幅式、二幅式、三幅式和四幅式，路幅形式见表4-1。

表4-1 路幅形式表

道路类别	机动与非机动车辆行驶状况	适 用 范 围
一幅式	混合行驶	机动车交通量大，非机动车少的干路、支路；用地不足，拆迁困难
二幅式	混合行驶	机动车流量大，非机动车较少，有平行道路可供机动车通行
三幅式	分道行驶，非机动车分流向	机动车交通流量大，非机动车多，红线宽度大于40m
四幅式	分流向，分道行驶	机动车流量大，规划速度快，红线宽度大于50m

B 道路分类

城市道路交通系统在合理规划路网的基础上，根据道路功能、性质的不同，将道路进行适当分类，以满足城市道路的交通组织管理，提高交通运输效率，保障通行安全，为城市的正常生产和生活提供良好的交通运输服务。为此将城市道路分为四类，分别是快速路、主干路、次干路和支路，见表4-2。

表4-2 道路分类表

道路类别	功能、性质	路 幅 形 式
快速路	为城市较高车速的长距离交通而设置的道路	双向车道采用中间隔离带，二幅式或者四幅式
主干路	为城市道路网的骨干，连接各主要分区干路，四车道以上	采用三幅式或四幅式，非机动车道与机动车道分流形式
次干路	为城市交通干路，兼服务功能，配合主干路组成道路网，一般四车道	采用三幅式或四幅式，非机动车道与机动车道分流形式
支路	解决局部地区交通，以服务为主	采用混行的单幅式

4.1.1.3 道路结构

A 结构层次

城市道路由路基、路面及附属工程构成。路基是指在地表按道路的线型和断面的要求开挖或填筑而成的岩土结构物。路面是指在路基顶面的行车部分用不同的粒料或混合料铺筑而成的层状结构物。附属工程一般包括侧石、平石、人行道、雨水井、涵洞、护坡、排水沟及挡土墙等。道路结构如图4-2所示。

a 土基

土基也称作路基，是路面的基础，是经过开挖或填筑而形成的土工构筑物。土基的主要作用是为路面铺设及列车或行车运营提供必要条件，并承受轨道及机车车辆，或者路面及交通荷载的静荷载和动荷载，同时将荷载向地基深处传递与扩散。土基依其所处的地形条件不同，有路堤和路堑两种基本形式（俗称填方和挖方）。

b 垫层

垫层是介于基层和土基之间的层次，起排水、防冻或防污等作用，能够调节和改善土基的水温状况，以保证面层和基层具有必要的强度、稳定性和抗冻胀能力，扩散由基层传来的荷载应力，减小土层产生的变形。因此，在一些路基水温状况不良或有冻胀的土基上，都应在基层之下加设垫层。

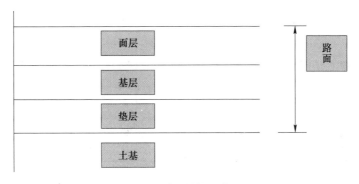

图 4-2　道路结构示意图

　　c　基层

　　基层是路面结构层中的承重部分，主要承受车轮荷载的竖向力，并把由面层传下来的应力扩散到垫层或土基。基层有时分两层铺筑，此时，上面一层仍称为基层，下面一层称为底基层。

　　d　面层

　　面层是路面结构层的最上面一个层次，它直接同大气和车轮接触，受行车荷载的作用以及外界因素变化的影响最大。因此，面层材料应具备较高的力学强度和稳定性，且应当耐磨，不透水，具有良好的抗滑性能。

　　B　道路基层分类

　　基层按位置可分为底基层（底层）、上基层（基层）。上基层按材料分类如图 4-3 所示。

$$\text{多合土基层} \begin{cases} \text{石灰、粉煤灰、土基层(二灰土基层)} \\ \text{石灰、粉煤灰、碎石基层(二灰碎石基层)} \\ \text{石灰、土、碎石基层} \end{cases}$$

图 4-3　上基层按材料分类

　　基层材料按材料品种不同分为水泥稳定类基层和沥青稳定类基层。水泥稳定类基层包括水泥稳定沙砾基层和水泥稳定碎石基层，两种基层的水泥含量（质量分数）一般分别为 5% 或 6%。沥青稳定类基层包括沥青稳定碎石基层等。基层材料常见的还有砂砾石、卵石、碎石、块石、矿渣、塘渣、砂底层。

　　C　道路面层分类。路面分类依据较多，常见的两种分类形式如下。

　　（1）按路面结构组成和力学特性分类见表 4-3。

表 4-3　路面结构组成和力学特性分类表

类　型	结　构　组　成	力　学　特　性
柔性路面	主要包括用各种基层（水泥混凝土除外）和各种沥青面层类、碎（砾）石面层，块料面层所组成的路面结构	刚度小、抗弯抗拉强度低、竖向变形较大，一般由弯沉值作为强度检验指标

类　型	结构组成	力学特性
刚性路面	水泥混凝土所做的面层或基层的路面结构	刚度大、具有较强的整体板体结构，一般以抗压、抗折强度作为强度检验指标
半刚性路面	一般情况下，面层为沥青类，基层为石灰或水泥稳定层及各种水硬性结合料的工业废渣基层	前期具有柔性路面的特点，其强度和刚度随时间的推移不断增长，到后期逐渐向刚性路面转化。其特点是强度高、弹性模量高、处于板体工作状态，传递给基础的单位压力小

（2）按路面的使用品质分类见表4-4。

表4-4　路面等级表

路面等级	对应路面名称	适用道路类别	设计使用年限/年
高级路面	水泥混凝土路面 沥青混凝土路面 厂拌沥青黑色碎石路面 整齐条石路面	快速路 主干路	20~30 15~20 15~20 20~30
次高级路面	沥青贯入式路面 路拌沥青碎（砾）石路面 沥青表面处治 半整齐石块路面	主干路 次干路 支路	10~15
中级路面	泥结或水结碎石路面、级配碎（砾）石路面		5
低级路面	多种粒料改善土路面		2~5

4.1.2　道路工程施工

　　道路工程施工内容包括道路土（石）方工程、道路基层、道路面层、道路附属工程四大部分。各部分的施工必须遵守的总体顺序：先下后上，先主体后附属。现行《四川省建设工程工程量清单计价定额》中各定额条目里的"工作内容"的具体描述就是对该项目施工内容、施工范围进行说明。为了更好地理解定额，合理地套用定额，正确地进行工程项目清单的编制或计价，必须清楚分部分项工程的施工工艺。

4.1.2.1　道路土（石）方工程施工

　　道路土（石）方工程包括的施工内容为路基土方填筑、路堑开挖、土方挖运、压路机分层碾压等，特殊路段可能出现软土地基处理或防护加固工程。本节只就路床整形施工工作简单介绍。

　　路床整形施工指在路基工程完成后，在进行路面基层铺筑前进行的工程内容。施工有两点要求：一是进行铲高垫低，形成符合设计要求的路拱；二是进行有效碾压，达到设计规定的压实度要求。设计标准见表4-5。

扫码查看
路基挖方
视频

表 4-5　土质路基压实度标准

挖填类型	深度范围/cm	压实度/%		
		快速路及主干路	次干路	支路
填方	0~80	95/98	93/95	90/92
挖方	0~30	93/95	93/95	90/92

注：1. 表中数字，分子为重型击实标准的压实度，分母为轻型击实标准的压实度；
　　2. 表列深度均由路床顶算起；
　　3. 填方高度小于80cm及不填不挖路段原地面以下0~30cm内，土的压实度应不低于表列挖方的要求；
　　4. 实测压实度（%）=现场土样最大干密度/试验室获得的该土质最大干密度。

4.1.2.2　道路基层施工

道路基层包括石灰土基层、石灰工业废渣基层、级配碎（砾）石基层、天然砂砾基层、水泥稳定基层。它们的共同点在于压实后较密实、孔隙率和透水性较小、强度比较稳定、受温度和水的影响不大，适应于机械化施工，并能就地取材。

A　石灰土基层

石灰土基层是将土粉碎，掺入适量石灰，按照一定技术要求，使混合料在最佳含水量下拌和，铺筑、压实，经养护成型的结构层。石灰土基层在道路工程中应用较广泛，常用作高级、次高级路面的基层或作为改善水温状况的垫层，通常采用的石灰剂量为8%~12%。石灰土基层可分为路拌和厂拌。路拌一般在现场拌和，厂拌是直接从石灰土加工厂运往现场进行摊铺，施工程序如图4-4所示。

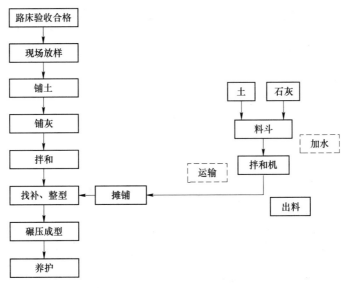

图 4-4　石灰土基层施工程序

B　石灰工业废渣基层

常用的工业废渣有电石渣、冶炼炉渣、煤渣及粉煤灰等。所谓石灰工业废渣就是把石灰、某种废渣土按一定比例混合使用，一般称为"两渣土"或"两灰土"基层。若将石灰、工业废渣、碎（砾）石混合使用，即称为"三渣基层"。以上各种石灰工业废渣基层，施工过程与石灰土基层大致相同，均是经过"拌和—整型—碾压—养护"而形成的半刚性路面结构层。

C 天然沙砾基层

天然砂砾石基层所用材料为天然沙砾，虽不完全符合级配要求，但可就地取材，施工简易，造价低，稳定性好，故可作高级路面或次高级路面的基层或垫层。施工基本过程为"备料—摊铺—整型—碾压"。

D 级配碎石基层

级配碎石基层一般是由 0.075~50mm 粒径的碎石通过密实原则级配而成，施工方法与天然沙砾基层基本相同。

E 水泥石屑基层

水泥石屑基层适用于潮湿多雨地区，是由粒径为 5~15mm 的砂砾石，掺拌一定比例的水泥碾压成型。实际上它是一种低强度等级的无砂小石子混凝土，水泥常用剂量为 5%~8%，施工方法分为路拌和厂拌。施工程序如图 4-5 所示。

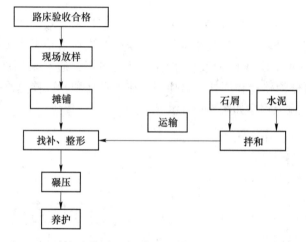

图 4-5 水泥石屑施工

4.1.2.3 道路面层施工

A 沥青类面层施工

a 沥青表面处治路面

沥青表面处治是用沥青包裹矿料，铺筑厚度不大于 3cm 的一种薄层处治面层。其主要作用是保护下层路面结构，避免直接遭受行车和自然因素的破坏，以延长路面的使用寿命。沥青表面处治的施工方法有两种：一种是层铺法，又可分为单层式、双层式、三层式；另一种是拌和法，即沥青和矿料按比例拌和后摊铺、碾压的方法。

b 沥青贯入式路面

沥青贯入式路面是在初步压实稳定的碎石层上，用热沥青浇灌后，分层撒铺嵌缝料，喷洒沥青并压实成型的路面结构，常用厚度为 4~8cm。为防止雨水透入，一般贯入式路面需加做封层处理，但在作基层或联结层使用时，最上一层可不做封层。为了改善路面的使用品质，将路面的上层采用拌和法施工，而下层采用贯入式，称为沥青上拌下贯式路面。

该种路面具有成型快，平整度好，质量有保证的特点。

透层黏层及封层都是沥青类路面施工中采用的一些必要技术措施。它们所处的层位不同，其作用与名称也不同，如图4-6所示。

（1）透层。

施工：在无沥青材料的基层或旧路上，浇洒低黏度的液体沥青薄层，并使其下渗。

作用：增强层间结合力，防止下层吸油、渗水。

| 上封层 |
| 沥青路面结构 |
| 下封层 |
| 基层或旧路面 |

图4-6　沥青路面结构层次

（2）黏层。

施工：在沥青结构层或水泥混凝土结构上，浇洒快凝液体沥青薄层。

作用：使上下两层能够完全地黏结成整体。

（3）封层

施工：封层是修筑在面层或基层之上的沥青混凝土薄层。根据功用不同，有上封层和下封层之分。

作用：封闭表面空隙，防止水分渗入，延缓路面老化，改善路面外观。

B　沥青混凝土和沥青碎石路面

沥青混凝土是由几种粒径不同的颗粒矿料（碎石、石屑、砂和矿粉）用沥青作结合料，按一定比例配合，在严格控制环境条件下进行拌和形成的混合料。沥青混合料按照矿料粒径的大小不同分为粗粒式、中粒式、细粒式、沥青砂。施工图纸上区分两种混合料的代号为：沥青混凝土 LH，沥青碎石 LS；沥青混凝土具体分类为：粗粒式 LH30～LH35，中粒式 LH20～LH25，细粒式 LH10～LH15，沥青砂 LH5。

C　水泥混凝土路面施工

水泥混凝土路面是将一定配合比的水泥和砂石材料（也可掺外加剂）经过搅拌、摊铺、振捣、养护形成的刚性路面。水泥混凝土路面常用于城市道路、机场道路、高速公路。水泥混凝土路面通常采用人工配合机械施工（常规施工）。水泥混凝土路面需要设置各种缝及传力杆，故施工工序较多，并需较长时间的湿治养护。

水泥混凝土路面的施工程序如下。

（1）模板安装。模板可用木模或钢模，目前常用成套钢模。

（2）接缝构造。混凝土路面的接缝较多，有纵缝、伸缝（胀缝）、缩缝。纵缝一般在分条浇筑时自然形成，在浇筑另一块板前侧面均涂沥青即可，缝间设拉杆钢筋。伸缝是为满足混凝土热胀伸长而设，缝内中下部（约 $2/3H$）为弹性材料填充，上部（约 $1/3H$）用沥青材料填堵，中部隔一定间距安装传力杆。缩缝一般采用切缝机在拆模之后切割而成，缝内清洁后灌注沥青马蹄脂。

（3）摊铺。摊铺厚度应考虑振捣沉落量，一般预留高度比设计厚度高2cm左右。

（4）振捣。混凝土摊铺后先进行初步振实，然后全面振平振实，再纵向滚压使表面细密，最后在混凝土初凝前用压纹器横向压出横纹。

（5）养护。一般混凝土表面初凝后即可进行养护，强度达设计的80%以上时可停止养护。

4.1.3　道路附属工程施工

城市道路工程附属工程，一般包括侧石、平石、人行道、雨水井、涵洞、护坡、护底、排水沟及挡土墙等。附属构筑物不仅关系到道路工程的整体质量，而且起完善道路使用功能、保证道路主体结构稳定的作用。以下着重介绍道路侧石、平石、人行道、挡土墙几种常见的附属构筑物施工。

扫码查看
水泥稳定
碎石视频

4.1.3.1　侧平石施工

侧石是设在道路两侧，用于区分车道、人行道、绿化带、分隔带的分界石，一般高出路面 12~15cm（也称为道牙石、路缘石），起到保障行人、车辆交通安全的作用。侧石一般为水泥混凝土预制安砌，在绿化带或分隔带的圆端处也可现浇混凝土。平石设在侧石与路面之间，有现浇与预制两种，当道路纵坡小于 0.3% 时，可利用平石纵向做成锯齿形边沟，利于路面排水。

扫码查看
沥青路面
视频

A　施工程序及工艺

侧平石的施工一般以预制安砌为主，施工程序为：测量放样→基础铺设→排列安砌→填缝养护。把侧平石沿灰线排列好，基础做好后，铺 2cm 厚 1:3 水泥砂浆（或混合砂浆）作垫层（卧底），内侧上角挂线，让线 5cm，缝宽 1cm；侧石高低不一致时需调整，低的用撬棍将其撬高，并在下面垫以混凝土或砂浆，高的可在顶面垫木条（或橡皮锤夯击使之下沉），至符合容许误差为止。勾缝宜在路面铺筑完成后进行，用 M10 水泥砂浆勾嵌。

扫码查看
侧平石安装
视频

B　质量要求

侧石必须稳固，并应线条直顺，曲线圆滑美观、无折角，顶面应平整无错牙，侧石勾缝严密，平石不得阻水，侧石背后回填必须夯打密实。

4.1.3.2　人行道施工

人行道按使用材料不同可分为沥青面层人行道、水泥混凝土人行道和预制块人行道等。前两种的施工程序和工艺基本与相应路面施工相同。预制块人行道通常用水泥混凝土预制块铺砌而成。

扫码查看
人行道铺设
视频

A　施工程序和工艺

预制块人行道施工一般在车行道完毕后进行，通常采用人工挂线铺砌。施工程序为：垫层摊铺碾压→测量挂线→预制块铺砌→扫填砌缝→养护。铺好预制块后应沿线检查平整度，发现有位移、不稳、翘角、与相邻板不平等现象，应立即修正，最后用砂或石屑扫缝或用干砂掺水泥（1:10 体积比）拌和均匀填缝并在砖面洒水。方砖用素水泥浆灌缝。灌缝后应清洗干净，保持砖面清洁。

B　质量要求

铺砌前应检查预制块的质量是否合格，严禁使用不合格块材铺砌，预制块必须表面平整，色彩均匀，线路清晰和棱角整齐，不得有蜂窝、脱皮、裂缝等现象。

扫码查看
雨水检查井
视频

4.1.3.3　井底升降施工

由于路面（或其他）施工需要，检查井井盖面标高变动，需要把检查井加高或者降低。

以升井为例，检查井升井施工工序：井筒或井室至设计路床顶面高程→井口覆盖临时井盖→定位井口坐标→水泥稳定碎石底基层铺筑→挖出井口→回填细砂→水泥稳定碎石基层铺筑→铺筑中、下面层沥青混凝土→挖出井口→取出钢板或临时井盖→支内模、浇筑混凝土→预埋地脚螺栓→安装井盖座→精细调整井盖高程→浇筑井周混凝土→铺筑细粒式沥青混凝土。

扫码查看
检查井砌筑
施工视频

4.1.3.4　挡土墙施工

挡土墙设置于天然地面或人工坡面上，用以抵抗侧向土压力，防止墙后土体坍塌。在道路工程中，它可以稳定路堤和路堑边坡，减少土方和占地面积，防止水流冲刷，避免山体滑坡、路基塌方等病害发生。

扫码查看
雨水口施工
视频

A　挡土墙分类

（1）挡土墙按其在道路横断面上的位置可分为路堑墙、路堤墙、路肩墙、山坡墙等。

（2）按其结构形式可分为重力式、衡重式、半重力式、锚杆式、垛式、扶壁式等。

（3）按墙身材料可分为石砌、砖砌、混凝土、钢筋混凝土、加筋挡土墙等。

道路中常用的挡土墙有石砌重力式、衡重式及混凝土、钢筋混凝土悬臂式。

B　挡土墙构造

常用的石土墙一般由基础、墙身、排水设施、沉降缝等组成。

a　基础

挡土墙的基础是挡土墙安全性、稳定性的关键，一般土质地基可采用石砌或现浇混凝土扩大基础。当地面纵坡较大时，基础沿长度方向做成台阶式，可以节省工程量。

b　墙身

挡土墙的墙身是挡土的主体结构。当材料为石砌或混凝土时，墙身断面形式按照墙背的倾斜方向分为仰斜、垂直、俯斜、折线、衡重等几种形式。

c　排水系统

挡土墙墙后排水是十分重要的工作，若排水不畅，会导致地基承载力下降和墙背部压力增加，严重时造成墙体损坏或发生倾覆。为了迅速排除墙背土体的积水，在墙身的适当高度处设置一排或数排泄水孔。泄水孔尺寸视墙背泄水量的大小而定，常采用 5cm×10cm（或 10cm×10cm）的矩形或圆形孔。泄水孔横竖间距，一般为 2~3m，上下排泄水孔应交错布置。最下一排泄水孔出水口应高出原地面、边沟、排水沟及积水地带的常水位线至少 0.3m。为了防止墙后积水下渗进地基，最下一排墙背泄水孔下面需铺设 0.3m 厚的黏土隔水层。泄水孔的进水孔处应设粒料反滤层，以防孔洞被土体堵塞。在墙后排水不良或填土透水性差时，应从最下一排泄水孔至墙顶下 0.5m 高度内，铺设厚度不小于 0.3m 的砂石排水层，同时也可减小冻胀时对墙体的破坏。路堑挡土墙墙趾边沟应予以铺砌加固，防水渗入挡土墙基础。干砌挡土墙可不设泄水孔。

d　沉降缝与伸缩缝

为了防止墙身因地基不均匀沉降而引起的断裂，需设沉降缝；为了防止砌体硬化收缩和温度与湿度变化所引起的开裂，需设伸缩缝。沉降缝和伸缩缝在挡土墙中同设于一处，称为沉降伸缩缝。对于非岩石地基，挡土墙每隔 10~15m 设置一道沉降伸缩缝。对于岩石地基，应根据地基岩层变化情况，可适当增大沉降缝间隔。浆砌挡土墙缝内可用胶泥填塞；但在渗水量大、填料易流失或冻害严重地区，宜用沥青麻筋或沥青木板材料，沿墙内、外、顶三边填塞，深度不小于 15cm。墙背为填石料时，留空不填防水材料板。干砌挡土墙，缝的两侧应用平整石料翻成垂直通缝。

e　施工程序

城市道路中的挡土墙常用的是钢筋混凝土悬壁式、扶壁式和混凝土重力式，以及石砌重力式挡土墙。前三种的施工程序和工艺可参照桥梁工程中钢筋混凝土墩台的施工。石砌重力式挡土墙的施工程序可概括为：测量放线→基槽开挖→石料砌筑→勾缝。

f　施工要求

（1）砌石作业前的施工准备工作。施工前应将地基清理干净，复核地基位置、尺寸、高程，遇有松软或其他不符合砌筑条件等情况必须坚决处理，使之满足设计要求，地基遇水应排除并必须夯填 10cm 厚的碎（卵）石或砂石垫层，使地基坚实，方可砌筑。

（2）工艺要求。第一层石料砌筑选择大块石料铺砌，大面向下，大石料铺满一层，用砂浆灌入空隙处，然后用小石块挤入砂浆，使砂浆充满空隙，分层向上砌平。遇在岩石或混凝土上砌筑时必须先铺底层砂浆后，再安砌石料。砌筑从最外边及角石开始，砌好外圈接砌内圈，直至铺满一层，再铺砂浆并用小石块填砌平实。设计无勾缝时可随砌随用灰刀将灰缝刮平；勾缝前应清除墙面污染物，保证湿润，齿剔缝隙；砂浆强度不低于 10MPa（体积比 1∶2.5）。

4.1.3.5　交通管理设施

各类交通管理设施如图 4-7 所示。

扫码查看
交通工程
视频

扫码查看
交通标线
视频

(a)　　　　　　　　(b)　　　　　　　　(c)

(d)　　　　　　　　(e)　　　　　　　　(f)

扫码查看
信号灯
视频

扫码查看
照明工程
视频

图 4-7 交通管理设施

(a) 人孔井；(b) 手孔井；(c) 标杆；(d) 标志板；(e) 视线诱导器；(f) 标线/标记；

(g) 环形检测线圈；(h) 值警亭；(i) 隔离护栏；(j) 信号灯；(k) 设备控制机箱；

(l) 警示柱；(m) 减速垄；(n) 防撞桶；(o) 监控摄像机；(p) 道闸机；(q) 可变信息情报板

4.2　道路工程计量

4.2.1　道路工程工程量计算规则

《市政工程工程量计算规范》（GB 50857—2013）附录 B 将道路工程划分为路基处理、道路基层、道路面层、人行道及其他、交通管理设施 5 节 80 个项目。其中，路基处理 23 个项目，道路基层 16 个项目，道路面层 9 个项目，人行道及其他 8 个项目，交通管理设施 24 个项目。道路工程分部分项工程清单见表 4-6。

表 4-6　道路工程分部分项工程清单

编　码	分部工程名称
040201	B.1　路基处理
040202	B.2　道路基层
040203	B.3　道路面层
040204	B.4　人行道及其他
040205	B.5　交通管理设施

4.2.1.1　路基处理

（1）预压地基。预压地基项目特征为：排水竖井种类、断面尺寸、排列方式、间距、深度，预压方法，预压荷载、时间，砂垫层厚度。当以"m^2"为计量单位时，按设计图示尺寸以加固面积计算工程量。工作内容为：设置排水竖井、盲沟、滤水管，铺设砂垫层、密封膜，堆载、卸载或抽气设备安拆、抽真空，材料运输。

（2）强夯地基。强夯地基项目特征为：夯击能量，夯击遍数，地耐力要求，夯填材料种类。当以"m^2"为计量单位时，按设计图示尺寸以加固面积计算工程量。工作内容为：铺设夯填材料，强夯，夯填材料运输。

（3）振冲密实（不填料）。振冲密实（不填料）项目特征为：地层情况，振密深度，孔距，振冲器功率。当以"m^2"为计量单位时，按设计图示尺寸以加固面积计算工程量。工作内容为：振冲加密，泥浆运输。

（4）掺石灰。掺石灰项目特征为含灰量。当以"m^3"为计量单位时，按设计图示尺寸以体积计算工程量。工作内容为：掺石灰，夯实。

（5）掺干土。掺干土项目特征为：密实度，掺土率。当以"m^3"为计量单位时，按设计图示尺寸以体积计算工程量。工作内容为：掺干土，夯实。

（6）掺石。掺石项目特征为：材料品种、规格，掺石率。当以"m^3"为计量单位时，按设计图示尺寸以体积计算工程量。工作内容为：掺石，夯实。

（7）抛石挤淤。抛石挤淤项目特征为材料品种和规格。当以"m^3"为计量单位时，按设计图示尺寸以体积计算工程量。工作内容为：抛石挤淤，填塞垫平、压实。

（8）袋装砂井。袋装砂井项目特征为：直径，填充料品种，深度。当以"m"为计量单位时，按设计图示尺寸以长度计算工程量。工作内容为：制作砂袋，定位沉管，下砂袋，拔管。

（9）塑料排水板。塑料排水板项目特征为：材料品种、规格。当以"m"为计量单位时，按设计图示尺寸以长度计算工程量。工作内容为：安装排水板，沉管插板，拔管。

（10）振冲桩（填料）。振冲桩（填料）项目特征为：地层情况，空桩长度、桩长，桩径，填充材料种类。当以"m"为计量单位时，按设计图示尺寸以桩长计算工程量；当以"m^3"为计量单位时，按设计桩截面乘以桩长以体积计算工程量。工作内容为：振冲成孔、填料、振实，材料运输，泥浆运输。

（11）砂石桩。砂石桩项目特征为：地层情况，空桩长度、桩长，桩径，成孔方法，材料种类、级配。当以"m"为计量单位时，按设计图示尺寸以桩长（包括桩尖）计算工程量；当以"m^3"为计量单位时，按设计桩截面乘以桩长（包括桩尖）以体积计算工程量。工作内容为：成孔，填料，振实，材料运输。

（12）水泥粉煤灰碎石桩。水泥粉煤灰碎石桩项目特征为：地层情况，空桩长度、桩长，桩径，成孔方法，混合料强度等级。当以"m"为计量单位时，按设计图示尺寸以桩长（包括桩尖）计算工程量。工作内容为：成孔，混合料制作、灌注、养护，材料运输。

（13）深层水泥搅拌桩。深层水泥搅拌桩项目特征为：地层情况，空桩长度、桩长，桩截面尺寸，水泥强度等级、掺量。当以"m"为计量单位时，按设计图示尺寸以桩长计算工程量。工作内容为：预搅下钻、水泥浆制作、喷浆搅拌成桩，材料运输。

（14）粉喷桩。粉喷桩项目特征为：地层情况，空桩长度、桩长，桩径，粉体种类、掺量，水泥强度等级、石灰粉要求。当以"m"为计量单位时，按设计图示尺寸以桩长计算工程量。工作内容为：预搅下钻、喷粉搅拌提升成桩，材料运输。

（15）高压水泥旋喷桩。高压水泥旋喷桩项目特征为：地层情况，空桩长度、桩长，桩截面，旋喷类型、方法，水泥强度等级、掺量。当以"m"为计量单位时，按设计图示尺寸以桩长计算工程量。工作内容为：成孔，水泥浆制作、高压旋喷注浆，材料运输。

（16）石灰桩。高压水泥旋喷桩项目特征为：地层情况，空桩长度、桩长，桩径，成孔方法，掺和料种类、配合比。当以"m"为计量单位时，按设计图示尺寸以桩长（包括桩尖）计算工程量。工作内容为：成孔，混合料制作、运输，夯填。

（17）灰土（土）挤密桩。灰土（土）挤密桩项目特征为：地层情况，空桩长度、桩长，桩径，成孔方法，灰土级配。当以"m"为计量单位时，按设计图示尺寸以桩长（包括桩尖）计算工程量。工作内容为：成孔，灰土拌和、运输、填充、夯实。

（18）柱锤冲扩桩。柱锤冲扩桩项目特征为：地层情况，空桩长度、桩长，桩径，成孔方法，桩体材料种类、配合比。当以"m"为计量单位时，按设计图示尺寸以桩长计算工程量。工作内容为：安拔套管，冲孔、填料、夯实，桩体材料制作、运输。

（19）地基注浆。地基注浆项目特征为：地层情况，成孔深度、间距，浆液种类及配合比，注浆方法，水泥强度等级、用量。当以"m"为计量单位时，按设计图示尺寸以深度计算工程量，当以"m^3"为计量单位时，按设计图示尺寸以加固体积计算工程量。工作内容为：成孔，注浆导管制作、安装，浆液制作、压浆，材料运输。

（20）褥垫层。褥垫层项目特征为：厚度，材料品种、规格及比例。当以"m^2"为计量单位时，按设计图示尺寸以铺设面积计算工程量；当以"m^3"为计量单位时，按设计图示尺寸以铺设体积计算工程量。工作内容为：材料拌和、运输，铺设，压实。

（21）土工合成材料。土工合成材料项目特征为：材料品种、规格，搭接方式，当以

"m²"为计量单位时，按设计图示尺寸以面积计算工程量。工作内容为：基层整平，铺设，固定。

（22）排水沟、截水沟。排水沟、截水沟项目特征为：截面尺寸，基础、垫层（材料品种、厚度），砌体材料，砂浆强度等级，伸缩缝填塞，盖板材质、规格。当以"m"为计量单位时，按设计图示尺寸以长度计算工程量。工作内容为：模板制作、安装、拆除，基础、垫层铺筑，混凝土拌和、运输、浇筑，勾缝，抹面，盖板安装。

（23）盲沟。盲沟项目特征为：材料品种、规格，断面尺寸。当以"m"为计量单位时，按设计图示尺寸以长度计算工程量。工作内容为铺筑。

4.2.1.2　道路基层

（1）路床（槽）整形。路床（槽）整形项目特征为：部位，范围。当以"m²"为计量单位时，按设计道路底基层图示尺寸以面积计算工程量，不扣除各类井所占面积。工作内容为：放样，整修路拱，碾压成型。

（2）石灰稳定土。石灰稳定土项目特征为：含灰量，厚度。当以"m²"为计量单位时，按设计图示尺寸以面积计算工程量，不扣除各类井所占面积。工作内容为：拌和，运输，铺筑，找平，碾压，养护。

（3）水泥稳定土。水泥稳定土项目特征为水泥含量，厚度。当以"m²"为计量单位时，按设计图示尺寸以面积计算工程量，不扣除各类井所占面积。工作内容为：拌和，运输，铺筑，找平，碾压，养护。

（4）石灰、粉煤灰、土。石灰、粉煤灰、土项目特征为配合比，厚度。当以"m²"为计量单位时，按设计图示尺寸以面积计算工程量，不扣除各类井所占面积。工作内容为：拌和，运输，铺筑，找平，碾压，养护。

（5）石灰、碎石、土。石灰、碎石、土项目特征为配合比，碎石规格，厚度。当以"m²"为计量单位时，按设计图示尺寸以面积计算工程量，不扣除各类井所占面积。工作内容为：拌和，运输，铺筑，找平，碾压，养护。

（6）石灰、粉煤灰、碎（砾）石。石灰、粉煤灰、碎（砾）石项目特征为配合比，碎（砾）石规格，厚度。当以"m²"为计量单位时，按设计图示尺寸以面积计算工程量，不扣除各类井所占面积。工作内容为：拌和，运输，铺筑，找平，碾压，养护。

（7）粉煤灰。粉煤灰项目特征为厚度。当以"m²"为计量单位时，按设计图示尺寸以面积计算工程量，不扣除各类井所占面积。工作内容为：拌和，运输，铺筑，找平，碾压，养护。

（8）矿渣。矿渣项目特征为厚度。当以"m²"为计量单位时，按设计图示尺寸以面积计算工程量，不扣除各类井所占面积。工作内容为：拌和，运输，铺筑，找平，碾压，养护。

（9）砂砾石。砂砾石项目特征为：石料规格，厚度。当以"m²"为计量单位时，按设计图示尺寸以面积计算工程量，不扣除各类井所占面积。工作内容为：拌和，运输，铺筑，找平，碾压，养护。

（10）卵石。卵石项目特征为：石料规格，厚度。当以"m²"为计量单位时，按设计图示尺寸以面积计算工程量，不扣除各类井所占面积。工作内容为：拌和，运输，铺筑，找平，碾压，养护。

（11）碎石。碎石项目特征为：石料规格，厚度。当以"m²"为计量单位时，按设计图示尺寸以面积计算工程量，不扣除各类井所占面积。工作内容为：拌和，运输，铺筑，找平，碾压，养护。

（12）块石。块石项目特征为：石料规格，厚度。当以"m²"为计量单位时，按设计图示尺寸以面积计算工程量，不扣除各类井所占面积。工作内容为：拌和，运输，铺筑，找平，碾压，养护。

（13）山皮石。山皮石项目特征为：石料规格，厚度。当以"m²"为计量单位时，按设计图示尺寸以面积计算工程量，不扣除各类井所占面积。工作内容为：拌和，运输，铺筑，找平，碾压，养护。

（14）粉煤灰三渣。粉煤灰三渣项目特征为：配合比，厚度。当以"m²"为计量单位时，按设计图示尺寸以面积计算工程量，不扣除各类井所占面积。工作内容为：拌和，运输，铺筑，找平，碾压，养护。

（15）水泥稳定碎（砾）石。水泥稳定碎（砾）石项目特征为：水泥含量，石料规格，厚度。当以"m²"为计量单位时，按设计图示尺寸以面积计算工程量，不扣除各类井所占面积。工作内容为：拌和，运输，铺筑，找平，碾压，养护。

（16）沥青稳定碎石。沥青稳定碎石项目特征为：沥青品种，石料规格，厚度。当以"m²"为计量单位时，按设计图示尺寸以面积计算工程量，不扣除各类井所占面积。工作内容为：拌和，运输，铺筑，找平，碾压，养护。

4.2.1.3 道路面层

（1）沥青表面处治。沥青表面处治项目特征为：沥青品种，层数。当以"m²"为计量单位时，按设计图示尺寸以面积计算工程量，不扣除各种井所占面积，带平石的面层应扣除平石所占面积。工作内容为：喷油、布料，碾压。

（2）沥青贯入式。沥青贯入式项目特征为：沥青品种，石料规格，厚度。当以"m²"为计量单位时，按设计图示尺寸以面积计算工程量，不扣除各种井所占面积，带平石的面层应扣除平石所占面积。工作内容为：摊铺碎石，喷油、布料，碾压。

（3）透层、黏层。透层、黏层项目特征为：材料品种，喷油量。当以"m²"为计量单位时，按设计图示尺寸以面积计算工程量，不扣除各种井所占面积，带平石的面层应扣除平石所占面积。工作内容为：清理下承面，喷油、布料。

（4）封层。封层项目特征为：材料品种，喷油量，厚度。当以"m²"为计量单位时，按设计图示尺寸以面积计算工程量，不扣除各种井所占面积，带平石的面层应扣除平石所占面积。工作内容为：清理下承面，喷油、布料，压实。

（5）黑色碎石。黑色碎石项目特征为：材料品种，石料规格，厚度。当以"m²"为计量单位时，按设计图示尺寸以面积计算工程量，不扣除各种井所占面积，带平石的面层应扣除平石所占面积。工作内容为：清理下承面，拌和、运输，摊铺，整型，压实。

（6）沥青混凝土。沥青混凝土项目特征为：沥青品种，沥青混凝土种类，石料粒径，掺和料，厚度。当以"m²"为计量单位时，按设计图示尺寸以面积计算工程量，不扣除各种井所占面积，带平石的面层应扣除平石所占面积。工作内容为：清理下承面，拌和、运输，摊铺、整型，压实。

（7）水泥混凝土。水泥混凝土项目特征为：混凝土强度等级，掺和料，厚度，嵌缝材料。当以"m^2"为计量单位时，按设计图示尺寸以面积计算工程量，不扣除各种井所占面积，带平石的面层应扣除平石所占面积。工作内容为：模板制作、安装、拆除，混凝土拌和、运输、浇筑，拉毛，压痕或刻防滑槽，伸缝，缩缝，锯缝，嵌缝，路面养护。

（8）块料面层。块料面层项目特征为：块料品种、规格，垫层（材料品种、厚度、强度等级）。当以"m^2"为计量单位时，按设计图示尺寸以面积计算工程量，不扣除各种井所占面积，带平石的面层应扣除平石所占面积。工作内容为：铺筑垫层，铺砌块料，嵌缝、勾缝。

（9）弹性面层。弹性面层项目特征为：材料品种，厚度。当以"m^2"为计量单位时，按设计图示尺寸以面积计算工程量，不扣除各种井所占面积，带平石的面层应扣除平石所占面积。工作内容为：配料，铺贴。

4.2.1.4　人行道及其他

（1）人行道整形碾压。人行道整形碾压项目特征为：部位，范围。当以"m^2"为计量单位时，按设计人行道图示尺寸以面积计算工程量，不扣除侧石、树池和各类井所占面积。工作内容为：放样，碾压。

（2）人行道块料铺设。人行道块料铺设项目特征为：块料品种、规格，基础垫层（材料品种、厚度），图形。当以"m^2"为计量单位时，按设计图示尺寸以面积计算工程量，不扣除各类井所占面积，但应扣除侧石、树池所占面积。工作内容为：基础、垫层铺筑，块料铺设。

（3）现浇混凝土人行道及进口坡。现浇混凝土人行道及进口坡项目特征为：混凝土强度等级，厚度，基础垫层（材料品种、厚度）。当以"m^2"为计量单位时，按设计图示尺寸以面积计算工程量，不扣除各类井所占面积，但应扣除侧石、树池所占面积。工作内容为：基础、垫层铺筑，块料铺设。

（4）安砌侧（平、缘）石。安砌侧（平、缘）石项目特征为：材料品种、规格，基础、垫层（材料品种、厚度）。当以"m"为计量单位时，按设计图示中心线长度计算工程量。工作内容为：开槽，基础、垫层铺筑，侧（平、缘）石安砌。

（5）现浇侧（平、缘）石。现浇侧（平、缘）石项目特征为：材料品种，尺寸，形状，混凝土强度等级，基础、垫层（材料品种、厚度）。当以"m"为计量单位时，按设计图示中心线长度计算工程量。工作内容为：模板制作、安装、拆除，开槽，基础、垫层铺筑，混凝土拌和、运输、浇筑。

（6）检查井升降。检查井升降项目特征为：材料品种，检查井规格，平均升（降）高度。当以"座"为计量单位时，按设计图示路面标高与原有的检查井发生正负高差的检查井的数量计算工程量。工作内容为：提升，降低。

（7）树池砌筑。树池砌筑项目特征为：材料品种、规格，树池尺寸，树池盖面材料品种。当以"个"为计量单位时，按设计图示数量计算工程量。工作内容为：基础、垫层铺筑，树池砌筑，盖面材料运输、安装。

（8）预制电缆沟铺设。预制电缆沟铺设项目特征为：材料品种，规格尺寸，基础、垫层（材料品种、厚度），盖板品种、规格。当以"m"为计量单位时，按设计图示中心线长度计算工程量。工作内容为：基础、垫层铺筑，预制电缆沟安装，盖板安装。

4.2.1.5　交通管理设施

（1）人（手）孔井。人（手）孔井项目特征为：材料品种，规格尺寸，盖板材质、规格，基础、垫层（材料品种、厚度）。当以"座"为计量单位时，按设计图示数量计算工程量。工作内容为：基础、垫层铺筑，井身砌筑，勾缝（抹面），井盖安装。

（2）电缆保护管。电缆保护管项目特征为：材料品种、规格。当以"m"为计量单位时，按设计图示以长度计算工程量。工作内容为铺设。

（3）标杆。标杆项目特征为：类型，材质，规格尺寸，基础、垫层（材料品种、厚度），油漆品种。当以"根"为计量单位时，按设计图示数量计算工程量。工作内容为：基础、垫层铺筑，制作，喷漆或镀锌，底盘、拉盘、卡盘及杆件安装。

（4）标志板。标志板项目特征为：类型，材质、规格尺寸，板面反光膜等级。当以"块"为计量单位时，按设计图示数量计算工程量。工作内容为制作和安装。

（5）视线诱导器。视线诱导器项目特征为：类型，材料品种。当以"只"为计量单位时，按设计图示数量计算工程量。工作内容为安装。

（6）标线。标线项目特征为：材料品种，工艺，线型。当以"m"为计量单位时，按设计图示以长度计算工程量；当以"m²"为计量单位时，按设计图示尺寸以面积计算。工作内容为：清扫，放样，画线，护线。

（7）标记。标记项目特征为：材料品种，类型，规格尺寸。当以"个"为计量单位，按设计图示数量计算工程量；当以"m²"为计量单位时，按设计图示尺寸以面积计算。工作内容为：清扫，放样，画线，护线。

（8）横道线。横道线项目特征为：材料品种，形式。当以"m²"为计量单位时，按设计图示尺寸以面积计算工程量。工作内容为：清扫，放样，画线，护线。

（9）清除标线。清除标线项目特征为清除方法。当以"m²"为计量单位时，按设计图示尺寸以面积计算工程量。工作内容为清除。

（10）环形检测线圈。环形检测线圈项目特征为：类型，规格、型号。当以"个"为计量单位时，按设计图示数量计算工程量。工作内容为安装和调试。

（11）值警亭。值警亭项目特征为：类型，规格，基础、垫层（材料品种、厚度）。当以"座"为计量单位时，按设计图示数量计算工程量。工作内容为基础和垫层铺筑安装。

（12）隔离护栏。隔离护栏项目特征为：类型，规格、型号，材料品种，基础、垫层（材料品种、厚度）。当以"m"为计量单位时，按设计图示以长度计算工程量。工作内容为：基础、垫层铺筑，制作、安装。

（13）架空走线。架空走线项目特征为：类型，规格、型号。当以"m"为计量单位时，按设计图示以长度计算工程量。工作内容为架线。

（14）信号灯。信号灯项目特征为：类型，灯架材质、规格，基础、垫层（材料品种、厚度），信号灯规格、型号、组数。当以"套"为计量单位时，按设计图示数量计算工程量。工作内容为：基础、垫层铺筑，灯架制作、镀锌、喷漆，底盘、拉盘、卡盘及杆件安装，信号灯安装、调试。

（15）设备控制机箱。设备控制机箱项目特征为：类型，材质、规格尺寸，基础、垫层（材料品种、厚度），配置要求。当以"台"为计量单位时，按设计图示数量计算工程量。工作内容为：基础、垫层铺筑，安装，调试。

（16）管内配线。管内配线项目特征为：类型，材质，规格、型号。当以"m"为计量单位时，按设计图示以长度计算工程量。工作内容为配线。

（17）防撞桶（墩）。防撞桶（墩）项目特征为：材料品种，规格、型号。当以"个"为计量单位时，按设计图示数量计算工程量。工作内容为制作和安装。

（18）警示柱。警示柱项目特征为：类型，材料品种，规格、型号。当以"根"为计量单位时，按设计图示数量计算工程量。工作内容为制作和安装。

（19）减速垄。减速垄项目特征为：材料品种，规格、型号。当以"m"为计量单位时，按设计图示以长度计算工程量。工作内容为制作和安装。

（20）监控摄像机。监控摄像机项目特征为：类型，规格、型号，支架形式，防护罩要求。当以"台"为计量单位时，按设计图示数量计算工程量。工作内容为安装和调试。

（21）数码相机。数码相机项目特征为：规格、型号，立杆材质、形式，基础、垫层（材料品种、厚度）。当以"套"为计量单位时，按设计图示数量计算工程量。工作内容为：基础、垫层铺筑，安装，调试。

（22）道闸机。道闸机项目特征为：类型，规格、型号，基础、垫层（材料品种、厚度）。当以"套"为计量单位时，按设计图示数量计算工程量。工作内容为：基础、垫层铺筑，安装，调试。

（23）可变信息情报板。可变信息情报板项目特征为：类型，规格、型号，立（横）杆材质、形式，配置要求，基础、垫层（材料品种、厚度）。当以"套"为计量单位时，按设计图示数量计算工程量。工作内容为：基础、垫层铺筑，安装，调试。

（24）交通智能系统调试。交通智能系统调试项目特征为系统类别。当以"系统"为计量单位时，按设计图示数量计算工程量。工作内容为系统调试。

4.2.2　道路工程计量的相关内容

（1）地层情况按《市政工程工程量计算规范》（GB 50857—2013）附录A的规定，根据岩土工程勘察报告按单位工程各地层所占比例（包括范围值）进行描述。对无法准确描述的地层情况，可注明由投标人根据岩土工程勘察报告自行决定报价。项目特征中的桩长应包括桩尖，空桩长度＝孔深－桩长，孔深为自然地面至设计桩底的深度。如果采用碎石、粉煤灰、砂等作为路基处理的填方材料时，应按"附录A 土石方工程"中"回填方"项目编码列项。排水沟、截水沟清单项目中，当侧墙为混凝土时，还应描述侧墙的混凝土强度等级。

（2）道路工程厚度应以压实后为准。道路基层设计截面如为梯形时，应按其截面平均宽度计算面积，并在项目特征中对截面参数加以描述。

（3）水泥混凝土路面中传力杆和拉杆的制作、安装应按"附录J 钢筋工程"中相关项目列项编码。

（4）交通管理设施工程量清单项目如发生破除混凝土路面、土石方开挖、回填夯实等，应分别按"附录K 拆除工程"及"附录A 土石方工程"中相关项目编码列项。除清单项目特殊注明外，各类垫层应按附录中相关项目编码列项。立电杆按"附录H 路灯工程"中相关项目编码列项。值警亭按半成品现场安装考虑，实际采用砖砌等形式的按现行国家标准《房屋建筑与装饰工程工程量计算规范》（GB 50854—2013）中相关项目编码列项。与标杆相连的，用于安装标志板的配件应计入标志板清单项目内。

4.2.3 道路工程工程量清单编制

4.2.3.1 审读图纸

道路工程的图纸设计文件由道路工程平面图、道路工程纵断面图、施工横断面图、结构详图，交叉设计图、附属工程结构设计图等组成。工程量清单编制者为分部分项工程量清单编制掌握基础资料时，应结合全套施工图，明确各结构部分的详细构造。

（1）道路工程平面图反映道路的走向、里程、各结构宽度、沿线的地形地物等情况，为编制工程量清单时确定工程的施工范围提供依据。

（2）道路工程纵断面、施工横断面图反映道路沿线的土石方工程的填挖量的大小，分布状况及填挖界线，地下管线，小桥涵洞等位置、类型，主要为道路土石方工程、路基处理的分部分项工程量清单编制提供根据。

（3）结构详图、交叉设计图反映道路结构层、人行道、侧平石的类型、尺寸，面层有无配筋及各种缝的构造形式，主要为道路基层，道路面层，人行道及其他的分部分项工程量清单编制提供依据。

（4）附属工程结构设计图主要指道路沿线设计的挡土墙、涵洞或其他配套工程项目，如有上述附属工程结构，编制工程量清单时，需对照《市政工程工程量计算规范》（GB 50857—2013）的"附录 C 桥涵工程"或其他相应的附录，增列分部分项工程量清单项目。

一个完整的道路工程分部分项工程量清单，不仅有道路工程的分部工程列项，还会结合具体工程项目情况增列其他分部工程清单项，因此在编制工程量清单的过程中对图纸的理解和研究是至关重要的。

4.2.3.2 列项编码

道路工程的列项编码，应依据《市政工程工程量计算规范》（GB 50857—2013），招标文件的有关要求结合施工图设计文件和施工现场条件等综合考虑确定。在熟读施工图的基础上，对照《市政工程工程量计算规范》（GB 50857—2013）"附录 B 道路工程"中各分部分项清单项目的名称、特征、工程内容，将拟建的道路工程结构进行合理的归类组合，编排列出一个个相对独立的与"附录 B 道路工程"各清单项目相对应的分部分项清单项目，经检查符合"不重不漏"的前提下，确定各分部分项的项目名称，同时予以正确的项目编码。当拟建工程出现新结构、新工艺，不能与《市政工程工程量计算规范》（GB 50857—2013）附录的清单项目对应时，按《市政工程工程量计算规范》（GB 50857—2013）附录注释相应条款执行。下面就列项编码的几个要点进行介绍。

（1）项目特征是构成分部分项工程项目、措施项目自身价值的本质特征，是对形成工程项目实体价格因素的重要描述，也是区别在同一清单项目名称内，包含有多个不同的具体项目名称的依据。清单编制人在确定具体项目名称、项目编码时项目特征给予其明确的提示或指引。项目特征由具体的特征要素构成，详见《市政工程工程量计算规范》（GB 50857—2013）各清单项目的"项目特征"栏。

　　编制工程量清单时，应在具体的项目名称中，简要注明该项目的主要特征要素，以提示或指引计价人在计价时应考虑的价格因素。有关联的次要特征要素可由计价人通过查阅工程图纸获得。

　　例如，道路工程中的"安砌侧（平、缘）石"，项目特征为：材料品种、规格，基础、垫层（材料品种、厚度）。

　　（2）项目编码应执行《市政工程工程量计算规范》（GB 50857—2013）中4.2.2条的规定："工程量清单的项目编码，应采用十二位阿拉伯数字表示，一至九位应按附录的规定设置，十至十二位根据拟建工程的工程量清单项目名称和项目特征设置，同一招标工程的项目编码不得有重码"。也就是说除需要补充的项目外，前九位编码是统一规定，照抄套用，而后三位编码可由编制人根据拟建工程中相同的项目名称，不同的项目特征而进行排序编码。

　　例如某道路工程路面面层结构：设计为C30水泥混凝土面层，厚度24cm，混凝土碎石最大粒径40mm；设计为C35水泥混凝土面层，厚度24cm，混凝土碎石最大粒径40mm。则编码应分别为040203007001和040203007002。相同名称的清单项目，项目的特征也应完全相同，若项目的特征要素的某项有改变，即应视为是另一个具体的清单项目，就需要有一个对应的项目编码，该具体项目名称的编码前9位相同，后3位不同。其原因是特征要素的改变，就意味着形成该工程项目实体的施工过程和造价的改变。作为指引承包商投标报价的分部分项工程量清单，必须给出明确具体的清单项目名称和编码，以便在清单计价时不发生理解上的歧义，科学合理分析综合单价。

　　（3）项目名称应按照《市政工程工程量计算规范》（GB 50857—2013）附录B中的项目名称（可称为基本名称）结合实际工程的项目特征要素综合确定。如上例中的水泥路面，具体的项目名称可表达为C30水泥混凝土面层（厚度24cm，碎石最大40cm）。具体名称的确定要符合道路工程设计、施工规范、也要考虑到道路工程专业方面的惯用表述。

　　例如道路基层结构，在软基地段使用较普遍的是在石屑中掺入6%的水泥，经过拌和、摊铺、碾压成型，属于水泥稳定碎（砾）石类基层结构，按照惯用的表述，该清单项目的具体名称可确定为"6%水泥石屑基层（厚××cm）"项目编码为"040202014001"。

　　（4）工程内容是针对形成该分部分项清单项目实体的施工过程（或工序）所包含的内容的描述，是列项编码时，对拟建道路工程编制的分部分项工程量清单项目，与《市政工程工程量计算规范》（GB 50857—2013）附录B各清单项目是否对应的对照依据，也是对已列出的清单项目，检查是否重列或漏列的主要依据。

　　例如，道路面层中"水泥混凝土"清单项目的工作内容为：

1）模板制作、安装、拆除；

2）混凝土拌和、运输、浇筑；

3）拉毛；

4）压痕或刻防滑槽；

5）伸缝；

6）缩缝；

7）锯缝、嵌缝；

8）路面养护。

上述 8 项工作内容几乎包括了常规施工水泥混凝土路面的全部施工工艺。若拟建工程设计的是水泥混凝土路面结构，就可以对照上述工程内容列项编码。列出的项目名称是"C××水泥混凝土面层（厚 ×× cm，碎石最大 ×× mm）"，项目编码为"040203007×××"，这就是所说的对应吻合。不能再另外列出伸缩缝构造，切缝机切缝，路面养护等清单项目名称，否则就属于重列。但应注意，"水泥混凝土"项目中，已包括传力杆及套筒的制作、安装，没有包括纵缝拉杆、角隅加强钢筋、边缘加强钢筋的工程内容。当拟建的道路面层设计有这些钢筋工程时，就应对照"J 钢筋工程"另外增列钢筋的分部分项清单项目，否则就属于漏列。

4.2.3.3 工程量

工程量清单编制的重要步骤是要解决清单项目的工程量计算问题。对于分部分项工程量清单项目而言，清单工程量的计算需要明确计算依据、计算规则、计量单位和计算方法。按照《市政工程工程量计算规范》（GB 50857—2013）"附录 B 道路工程"中的规定计算。

[例 4-1] 某道路全长 800m，路面宽度 21m。由于该段土质比较疏松，为保证路基的稳定性，对路基进行处理，通过强夯土方使土基密实，以达到规定的压实度，两侧路肩各宽 1m。试计算强夯土方的工程量。

解：（1）计算工程量，见表 4-7。

表 4-7 工程量表

编码	名称	单位	计算式	计算结果
040201002001	强夯地基	m^2	800×(21+1×2)	18400.00

（2）编制工程量清单，见表 4-8。

表 4-8 工程量清单

项目编码	项目名称	项目特征	计量单位	工程量
040201002001	强夯地基	1. 夯击能量：详见设计； 2. 夯击遍数：详见设计； 3. 地耐力要求：详见地勘； 4. 夯填材料种类：原土夯实	m^2	18400.00

[例 4-2] 某路面宽度为 15m，道路长为 1130m，采用 100mm 厚水泥稳定碎石做基层，水泥含量（质量分数）6%，路肩宽度为 1m。试计算水泥稳定碎石基层的清单工程量。

解：（1）计算工程量，见表 4-9。

表 4-9 工程量表

编码	名称	单位	计算式	计算结果
040202015001	水泥稳定碎石	m^2	1130×15	16950.00

（2）编制工程量清单，见表 4-10。

表 4-10　工程量清单

项目编码	项目名称	项目特征	计量单位	工程量
040202015001	水泥稳定碎石	1. 水泥含量：6%； 2. 石料规格：水泥稳定碎石； 3. 厚度：100mm	m^2	16950.00

[**例 4-3**]　如图 4-8 所示，路段中有正交路口一处，路面为 100mm 厚沥青玛蹄脂碎石混合料面层，各部分详细尺寸如图所示。试计算该沥青混凝土路面工程量。

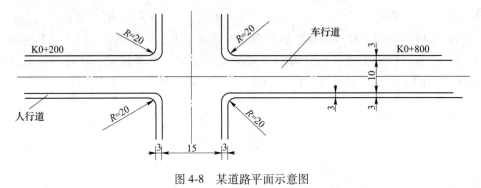

图 4-8　某道路平面示意图

解：（1）计算工程量，见表 4-11。

表 4-11　工程量表

编码	名称	单位	计算式	计算结果
040203006001	沥青混凝土	m^2	$(800-200) \times 10 + 0.8584 \times (20+3)^2$	6454.09

（2）编制工程量清单，见表 4-12。

表 4-12　工程量清单

项目编码	项目名称	项目特征	计量单位	工程量
040203006001	沥青混凝土	1. 沥青品种：沥青玛蹄脂碎石混合料面层； 2. 厚度：100mm	m^2	6454.09

[**例 4-4**]　某道路全长 1220m，路两边安砌路缘石，路缘石平面图如图 4-9 所示。

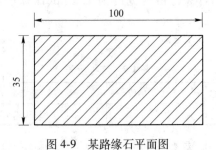

图 4-9　某路缘石平面图

试求路缘石的清单工程量。

解：（1）计算工程量，见表 4-13。

表 4-13　工程量表

编码	名称	单位	计算式	计算结果
040204004001	安砌侧缘石	m	1220×2	2440.00

（2）编制工程量清单，见表 4-14。

表 4-14　工程量清单

项目编码	项目名称	项目特征	计量单位	工程量
040204004001	安砌侧缘石	材料品种、规格：成品安装	m	2440.00

4.3　道路工程计价

道路工程工程量清单计价应响应招标文件的规定，完成工程量清单所列项目的全部费用，包括分部分项工程项目费、措施项目费、其他项目费、规费及税金。本节主要介绍分部分项工程项目清单计价，分部分项清单计价实质就是确定清单综合单价。

4.3.1　道路工程计价定额说明

计价定额说明分为册说明及对各个分部工程的说明。通过对道路工程计价定额说明的学习，可以帮助对道路工程计价有更深的掌握，道路工程的计价定额说明如下。

4.3.1.1　一般说明

（1）本节道路工程定额适用于城镇范围内新建、扩建、改建的市政、厂区、生活区等道路及广场工程。

（2）道路基层定额中的土方均为压实方，未计价，已包括不大于 500m 的运输；运距大于 500m 时，执行土石方工程相应增运距定额。

（3）定额中未包括弯沉测试发生的费用。如设计要求弯沉测试时，另行按实计算。

4.3.1.2　路基处理

（1）强夯加固地基是指在天然地基上或在填土地基上进行作业。本定额不包括强夯前的试夯工作费用，如设计要求试夯，另行计算。

（2）地基强夯需要用外来土（石）填坑的，外来土（石）的取、运另按相应项目计算。

（3）"每一遍夯击次数"是指夯击机械在一个点位上不移位连续夯击的次数。当要求夯击面积范围内的所有点位夯击完成后，即为完成一遍夯击；如果需要再次夯击，则应再次根据一遍的夯击次数套用相应项目。

（4）地基处理振冲桩、砂石桩、水泥粉煤灰碎石桩、深层水泥搅拌桩、粉喷桩、高压水泥旋喷桩、石灰桩、灰土（土）挤密桩、柱锤冲扩桩、地基注浆、褥垫层等，执行

《四川省建设工程工程量清单计价定额——房屋建筑与装饰工程》❶定额相应项目。

（5）原土掺生石灰定额工作内容包含挖松原土、掺生石灰、找平、碾压。将原土挖出并集中拌和时，不执行原土掺生石灰定额。

（6）机械抛石挤淤已包括挖取填料和 300m 运距，当运距超过 300m 时，执行土石方工程相应增运距定额。

（7）排水沟、截水沟项目按本定额"E 管网工程"相应定额项目执行。

（8）路基盲沟定额未包括土方的弃、运处理，弃、运土方应另按土石方工程相应项目计算。

（9）旧路面凿毛是指利用旧有路面加铺面层时，在旧路面上打凿麻点，发生时方可计算。

4.3.1.3　道路基层

（1）路床碾压定额包括平均厚度不大于 10cm 的人工挖高填低、平整路床，使之形成设计要求的纵横坡度，并经重型压路机碾压密实，达到设计要求。

（2）道路基层的压实厚度不大于 20cm 时，其机械费和人工费不做调整，压实厚度每增加 1cm 时，其机械费按相应基本厚度的机械费乘以系数 0.05。

（3）基层中的多合土包括水泥稳定碎（砾）石、石灰稳定土、石灰与粉煤灰（煤渣）及土的拌和物、石灰与粉煤灰及碎（砾）石的拌和物、水泥稳定砂砾石（碎石）、水泥与石灰稳定砂砾石拌和物。实际采用的配合比不同时，允许调整材料，但人工费和机械费不做调整。

（4）多合土基层定额系采用沿路拌和施工方法编制。如采用集中拌和的方法施工时，机械费乘以系数 0.94，多合土的运输执行多合土运输相应定额。

（5）井周边基层加强执行土方回填中沟槽灰土、砂砾石回填相应项目，定额人工费乘以系数 1.80。井周边基层加强使用的材料不同时，允许调整材料，人工费和机械费不做调整。

（6）混凝土井圈加强按定额"E 管网工程"非定型井方圆井口相应项目执行。

4.3.1.4　道路面层

（1）水泥混凝土路面未包括垫层用工及材料。如需做垫层时，另按相应定额执行。

（2）水泥混凝土路面定额中未包括钢筋制作安装。如设计有钢筋时，按本定额"J 钢筋工程"相应定额项目执行，定额中已考虑有筋对工效的影响，施工中无论有无钢筋，定额均不做调整。

（3）沥青类混凝土定额中已包括洗工具、刷压路机、刷车箱等的汽油、柴油用量，不再另行计算。

（4）定额中的沥青均为石油沥青。采用煤沥青时，按石油沥青用量乘以系数 1.20。

（5）沥青表面处治定额中，未包括底层刷油。如需刷油时，按相应定额执行。

（6）道路工程中的水泥混凝土未包括半成品运输，使用时，按相应的运输定额执行。当采用商品混凝土时，不再计算半成品的拌制和运输费。

---

❶ 四川省建设工程造价总站. 四川省建设工程工程量清单计价定额——房屋建筑与装饰工程 ［M］. 成都：四川科学技术出版社，2020.

（7）道路工程中的沥青混凝土铺筑项目未包括半成品拌制和运输，沥青混凝土的拌制和运输按相应的运输定额执行。当采用商品沥青混凝土时，不再计算半成品的拌制和运输费。

（8）道面采用钢纤维混凝土时，按附录换算，定额人工费乘以系数1.01，机械费不变。

（9）道路传力杆、纵缝拉杆执行本定额"J钢筋工程"相应项目。

（10）道路切缝的灌缝材料与定额不同时，允许更换材料，人工费和机械费不做调整。

（11）道路的块料面层根据设计及施工验收标准执行本章人行道面层项目或《四川省建设工程工程量清单计价定额——房屋建筑与装饰工程》相应定额项目。

4.3.1.5 人行道及其他

（1）路肩及人行道整形碾压定额包括平均厚度不大于10cm的人工挖高填低、平整路床，使之形成设计要求的纵横坡度，并经压路机碾压密实，达到设计要求。

（2）成品路用混凝土构件安砌，不再计算构件制作和运输费。

（3）人行道方砖的铺砌项目是按面层和垫层分开编制的，根据不同的垫层和面层进行组价，其中面层是按细砂扫缝考虑的，当面层采用砂浆砌筑时，面层和垫层执行2020年《四川省建设工程工程量清单计价定额——房屋建筑与装饰工程》相应定额项目。

（4）成品路用混凝土构件的规格与定额不同时可以换算，但人工费和机械费不做调整。

（5）安砌混凝土方砖和石质方砖项目是按正方形规格列项的。当采用矩形砖或多边形砖时，按单块矩形砖面积执行与正方形砖面积对应的项目。

（6）安砌人行道彩色花砖定额项目其规格都在20cm×20cm以下。当单块彩色花砖的面积大于20cm×20cm时，执行混凝土方砖相应规格的项目，材料作相应换算，其中连锁型彩色方砖人工乘以系数1.30。

（7）安砌石质路缘石时，执行安砌混凝土路缘石相应规格的项目，人工乘以系数1.20。

（8）当路缘石、平石、嵌边石的规格超过定额项目中的最大规格时，按定额中最大规格构件项目执行，构件消耗量按规格做相应调整，人工费和机械费不做调整。

（9）检查井井筒的升降是按常用井径综合计算的，不分井径均执行该定额。

（10）更换井盖、井座定额是按更换新的球墨铸铁井盖、井座计算的，旧井盖井座残值回收由甲、乙双方协商处理；当实际采用的井盖、井座材质与定额不同时，允许调整，但定额人工和机械费不变；当旧井盖井座可利用时，应取消定额中井盖、井座材料费，人工费和机械费不做调整。

（11）雨水进水井的升降是按常用规格综合计算的，不分规格均执行该定额，进水箅子是按更换新箅子计算的，当实际采用的进水箅子的材质与定额不同时，允许调整，但定额人工费和机械费不变，旧箅子残值回收由甲、乙双方协商处理；当旧箅子可利用时，应取消定额中箅子的材料费，定额人工费和机械费不变。

（12）采用的树池盖材料与定额不同时，可以换算材料，但人工费和机械费不变。

4.3.1.6 交通管理设施

（1）人（手）孔井按"E管网工程"非定型井相应项目执行。

（2）电缆保护管铺设定额中未包括垫层的工作内容，发生时按设计要求执行相应定额。如设计采用的管材种类与定额不同时，允许调整，但定额人工费和机械费不变。

（3）移动盖板或揭（盖）盖板，均按一次考虑。如又揭又盖则按两次计算。

（4）标杆安装定额中包括标杆上部直杆及悬臂杆安装、上法兰安装及上下法兰的连接等工作内容。柱式标杆安装定额中按单柱式编制。若安装双柱式标杆时，按相应定额乘以系数 2.0。

（5）反光镜安装参照减速板安装定额执行，并对材料进行换算。

（6）道路标线的其他材料费中已包括了护线帽的摊销，箭头、字符标记的其他材料费中已包括了模具的摊销，均不另行计算。

（7）车道停止线、减让线、机动车禁停网状线、导流线等特殊标线参考执行横道线定额。

（8）道路标线中的纵向实线执行实线项目，虚线执行虚线项目；各种箭头标记执行导向标记项目；文字、图案标记执行文字图案标记项目，人行横道预告标示执行文字图案标记项目。

（9）信号灯电源线安装定额中未包括电源线进线管及夹箍，发生时另行计算。

（10）交通信号灯安装不分国产和进口、车行和人行，定额中已综合取定。

（11）安装信号灯所需的升降车台班已包括在信号灯架定额中，不另行计算。

（12）交通岗位设施值警亭安装定额中，未包括基础工程和水电安装工作内容，发生时套用相应定额另行计算；值警亭按工厂制作、现场整体吊装考虑。

（13）环形检测线安装定额适用于水泥混凝土和沥青混凝土路面的导线铺设。

（14）减速垄中的螺栓包含在减速垄材料费中，不再单独计算。

（15）交通智能系统调试指整个部分的协同调试，单体调试已包含在各子目中，不另计算。

（16）数码相机、道闸机、可变信息情报板执行《四川省建设工程工程量清单计价定额——通用安装工程》[❶]相应定额项目。

4.3.2　道路工程计价定额工程量计算规则

计价定额工程量是指完成分部分项清单项目特征所包含的具体施工内容，按计价依据规定的计量规则计算的工程量，此处计量的目的是确定分部分项清单项目的综合单价为计价之用而非编制清单之用。对道路工程而言，该工程量的计算仍然以施工图纸为依据，并应遵守《四川省建设工程工程量清单计价定额——市政工程》中道路工程工程量计算规则。除以下列举规则外，其余计价定额工程量计算规则同本章前述对应项清单工程量计算规则。

4.3.2.1　路基处理

（1）地基强夯夯点按设计规定的夯点（坑）计算面积，每夯点坑工程量按 $4m^2$ 计算面积，低锤满夯按强夯区域最边夯点中心线外移 1.5m 边线所围的面积，以夯击能量、每

---

❶　四川省建设工程造价总站.四川省建设工程量清单计价定额——通用安装工程［M］.成都：四川科学技术出版社，2020.

点夯击点及夯击遍数以"m²"计算。

（2）抛石挤淤按设计抛石量以"m³"计算。

（3）土工布的铺设面积，按实铺展开面积以"m²"计算。

（4）路基盲沟及滤沟按图纸设计尺寸以"m"计算。

4.3.2.2 道路基层

（1）道路基层按设计图纸以"m²"计算工程量，应扣除面积大于0.30m²的各种占位面积。机动车道和非机动车道基层的铺筑宽度如设计为面层与基层宽度相同时，除手摆大卵石、手摆块石、沥青碎（砾）石外，其他各类基层均按每侧各加宽15cm计算工程量。人行道基层按面层铺筑宽度两侧共加宽10cm计算工程量。

（2）井周边基层加强按图纸设计尺寸以"m³"计算。

4.3.2.3 道路面层

（1）道路路面工程量按设计图纸以"m²"计算，应扣除面积大于0.30m²的各种占位面积；对原有在道路内的窨井、雨水口需要配合新建路面升高或降低时，应按相应定额计算。当路面采用商品沥青混凝土时，商品沥青混凝土的消耗量按铺筑定额消耗量计算。

（2）混凝土路面伸缩缝按断面的设计长度乘以设计高度以"m²"计算。

4.3.2.4 人行道及其他

（1）铺砌人行道方块的工程量按嵌边石与路缘石之间的净面积以"m²"计算，并扣除大于0.3m²的占位面积。

（2）道路两侧的路缘石垫层按图纸设计尺寸以"m²"计算，执行道路基层相应定额。如果路缘石安砌在加宽基层上，则不得再计算垫层工程量。

（3）安砌路缘石、嵌边石、平石的工程量按图纸设计尺寸以"m"计算，构件按定额消耗量进价。当构件的规格与定额不同时，消耗量可按设计规格调整。

（4）安砌混凝土电缆浅沟的工程量按图纸设计尺寸以"m"计算，电缆支架及附件已包含在定额中，不再单独计算。

（5）现浇电缆排管混凝土工程量按设计图示尺寸按实体体积以"m³"计算。

（6）道路工程中的水泥混凝土、沥青混凝土半成品的运输工程量按铺筑定额的消耗量以"m³"计算，多合土运输工程量按设计厚度乘以面积以"m³"计算，其运输距离按下述规定计算：

1）施工现场外的运输按拌和站至施工现场的最近入口的最短实际行驶距离计算；

2）施工现场内的运输按该工程里程的1/2计算；

3）上述1）+2）为该工程半成品的计算运距；

4）以上运距之和超过定额项目中的最大运输距离时，不再执行运输定额，按社会运输价计算。

（7）电缆保护管铺设长度按设计长度（扣除工作井内净长度）计算。

（8）电缆沟铺砂、盖砖及移动盖板按电缆沟长度以"m"计算。

4.3.2.5 交通管理设施

（1）标杆安装按规格以直径乘以长度表示，按"套"计算。

（2）圆形、三角形标志板安装按设计面积（成品）套用定额，按"块"计算。

（3）道路标线中的纵向实线、虚线、横道线、黄侧石线、车道停止线、减让线、机动车禁停网状线、导流线、导向标记按设计实漆面积以"m²"计算；文字、图案标记、人行横道预告标示按其外截矩形面积以"m²"计算。

（4）减速垄按设计的长度以"m"计算。

（5）环形检测线按设计长度以"m"计算。

（6）交通智能系统调试以"套"为单位，每套系统包括一台摄影仪和配套部分。

（7）机动车、非机动车隔离护栏的安装长度按整段护栏首尾两只分隔墩的外侧面之间的长度以"m"计算；人行道隔离护栏的安装长度按整段护栏首尾立杆之间的长度以"m"计算。

［**例 4-5**］ 道路工程计价示例。成都市区 YH 城市道路工程，施工标段为 K2+420～K2+760。土石方工程已完成，路面及人行道工程如图 4-10 和图 4-11 所示。招标文件要求工程需要的人行道、侧石块件运距 1km，其他材料运距按 10km 考虑，施工期间要求符合文明施工的规定。

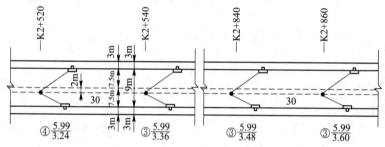

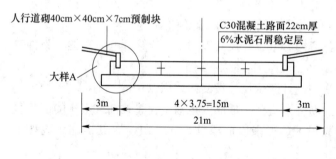

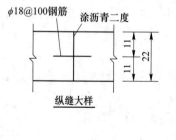

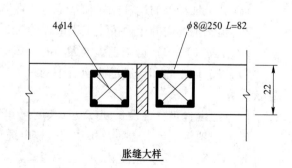

图 4-10 YH 道路工程图

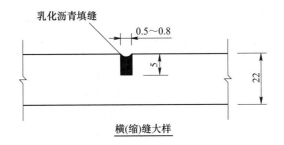

横(缩)缝大样

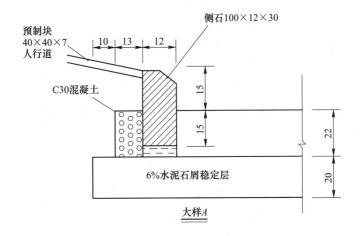

大样A

说明：1.尺寸单位：见图；
　　　2.缩缝每5m一条，胀缝每100m设一条

图 4-11　YH 道路工程图

请依据该路面工程及附属工程的分部分项工程量清单表（见表4-15）计价（按增值税一般计税模式编制招标控制价，材料价按招标控制价编制当期工程造价信息计取，无信息价采取市场价；人工费调整按招标控制价编制当期四川省建设工程造价管理总站颁布相关文件执行）。

表 4-15　分部分项工程量清单表

工程名称：YH 道路工程

序号	项目编码	项目名称	项目特征	计量单位	工程量
1	040202001001	路床整形碾压	1. 道路基层； 2. 人工摊铺、机械碾压	m²	5338.00
2	040202015001	6%水泥石屑基层	1. 水泥含量（质量分数）：6%； 2. 厚度：20cm	m²	5338.00
3	040203007001	C30 水泥混凝土路面	1. 混凝土强度：C30； 2. 厚度：22cm； 3. 嵌缝材料：详见施工图	m²	5100.00
4	040901001001	纵缝拉杆（φ≥10）	螺纹钢筋 φ≥10	t	2.079

续表 4-15

序号	项目编码	项目名称	项目特征	计量单位	工程量
5	040204002001	人行道铺砌	1. 40×40×7 预制块铺砌; 2. 砂垫层: 20mm 厚 M7.5 水泥砂浆（干混砂浆）	m²	1958.40
6	040204004001	安砌侧石	1. 12×30×100 混凝土; 2. C30 混凝土后座	m	680.00

解: （1）路床整形碾压。依据《四川省建设工程工程量清单计价定额——市政工程》（以下简称《计价定额》）确定综合单价，具体如下。

1）定额工程量＝清单工程量＝5338.00m²。

2）定额选择：依据项目特征选择 20 定额 DB0071 路床碾压整型，基价为 1.6568 元/m²。其中，人工费 0.4146 元/m²，机械费 0.7536 元/m²，综合费 0.4886 元/m²。

① 人工费调整。按四川省建设工程造价管理总站发布的文件规定，当期的人工费调整系数为 10.55%。

调整后人工费＝0.4146×（1+10.55%）＝0.4583（元/m²）。

② 机械用柴油价格调整。查定额该子目柴油消耗量为 0.07856L/m²，柴油定额单价为 6.00 元/L，已知柴油不含税价格为 7.00 元/L。

调整后机械费＝0.7536-（6.00-7.00）×0.07856＝0.8322（元/m²）。

③ 综合费按规定编制招标控制价时不调整。

3）调整后路床整形定额单价＝0.4583+0.8322+0.4886＝1.78（元/m²）。

4）路床整形碾压综合单价＝（1.78×5338.00）÷5338.00＝1.78（元/m²）。

将路床整形综合单价填入招标工程量清单并计算合价，得路床整形项目计价表，见表 4-16。其中，定额人工费＝0.4146×5338.00＝2455.48（元）；定额机械费＝0.7536×5338.00＝4022.72（元）。

表 4-16 分部分项清单计价表

序号	项目编码	项目名称	项目特征描述	计量单位	工程量	金额/元				
						综合单价	合价	其中		
								定额人工费	定额机械费	暂估价
1	040202001001	路床整形碾压	1. 道路基层; 2. 人工摊铺、机械碾压	m²	5338.00	1.78	9501.64	2455.48	4022.72	

（2）水泥石屑基层。依据《计价定额》确定综合单价，具体如下。

1）清单工程量＝5338.00m²。定额工程量计算规则：基层按每侧各加宽 15cm 计算工程量，定额工程量＝5391.4m²。

2）定额选择：依据项目特征选择《计价定额》DB0122 水泥稳定碎（砾）石，基价为 51.911 元/m²。其中，人工费 4.5861 元/m²，材料费 42.46 元/m²，机械费为 1.9533 元/m²，综合费 2.7869 元/m^2。

① 人工费调整。按四川省建设工程造价管理总站发布的文件规定，当期的人工费调整系数为 10.55%。

调整后人工费 = 4.5861×(1+10.55%) = 5.0699(元/m^2)。

② 材料费调整。从定额 DB0122 可知，水泥稳定碎石使用的材料有水泥 32.5、天然砂、砾石（5~40mm）、水。

水泥材料价调整，水泥定额消耗量为 7% 的含量 32.18kg/m^2，水泥当期信息价为 0.354 元/kg，依据清单项目特征，实际使用材料用量为水泥 6%。调价后水泥 32.5 实际费用 = 32.18÷7%×6%×0.354 = 9.7643(元/m^2)。

碎石 5~40mm 材料价调整，碎石 5~40mm 定额消耗量为 0.1497m^3/m^2，当期不含税信息价为 209 元/m^3，调价后碎石 5~40mm 实际费用 = 0.1497×209 = 31.2873(元/m^2)。

石屑材料价调整，石屑定额消耗量为 0.114m^3/m^2，当期不含税信息价为 209 元/m^3，调价后石屑实际费用 = 0.114×209 = 23.826(元/m^2)。

水材料价，水定额消耗量为 0.08m^3/m^2，水定额单价为 2.8 元/m^3。定额水费用 = 0.08×3.69 = 0.2952(元/m^2)。

材料费合计 = 9.7643+31.2873+23.826+0.2952 = 65.1728(元/m^2)。

③ 机械用柴油价格调整。查定额该子目柴油消耗量为 0.1493kg/m^2，柴油定额单价为 6.00 元/L，题目已知柴油不含税价格为 7.00 元/L。调整后机械费 = 1.9533-(6-7)×0.1493 = 2.1026(元/m^2)。

④ 综合费按规定编制招标控制价时不调整。

3）调整后水泥稳定碎石定额单价 = 5.0699+65.1728+2.1026+2.7869 = 75.13(元/m^2)。

4）水泥稳定碎石清单综合单价 = (5391.4×75.13)÷5338.00 = 75.88(元/m^2)。

将水泥稳定碎石综合单价填入招标工程量清单并计算合价，得水泥稳定碎石项目计价表，见表 4-17。其中，定额人工费 = 4.5861×5391.4 = 24725.50(元)；定额机械费 = 1.9533×5391.4 = 10531.02(元)。

表 4-17　分部分项清单计价表

序号	项目编码	项目名称	项目特征描述	计量单位	工程量	金额/元				
						综合单价	合价	其中		
								定额人工费	定额机械费	暂估价
1	040202015001	水泥稳定碎石	1. 水泥含量：6%； 2. 厚度：20cm	m^2	5338.00	75.88	405047.44	24725.50	10531.02	

（3）C30 水泥混凝土路面。依据《计价定额》确定综合单价，具体如下。

1）定额工程量 = 清单工程量 = 5100m^2。

2）定额选择：依据项目特征选择《计价定额》DB0184 商品混凝土路面（C30）和 DB0185 商品混凝土路面每增减 1cm。由项目特征描述，厚度为 22cm，故定额组合为

[DB0184]+[DB0185]×2。

3）DB0184 基价为 87.11 元/m²。其中人工费 8.6706 元/m²，材料费 76.0111 元/m²，机械费为 0.0666 元/m²，综合费 2.3716 元/m²。

DB0185 基价为 4.0281 元/m²，其中，人工费 0.2142 元/m²，材料费 3.7519 元/m²，机械费为 0.0032 元/m²，综合费 0.0588 元/m²。

组合后，定额基价为 96.1261。其中，人工费 10.0589 元/m²，材料费 83.5149 元/m²，机械费为 0.073 元/m²，综合费 2.4793 元/m²。

① 人工费调整。按四川省建设工程造价管理总站发布的文件规定，当期的人工费调整系数为 10.55%。

调整后人工费＝(8.6706+0.2142×2)×(1+10.55%)＝10.0589(元/m²)。

② 材料费调整。从定额 DB0184、定额 DB0185 可知，使用的材料有商品混凝土 C30、水、其他材料费。

商品混凝土材料价调整，商品混凝土 C30 定额消耗量为 0.202+0.0101×2＝0.2222(m³/m²)，当期不含税信息价为 579.94 元/m³。调价后 C30 商品混凝土实际费用＝0.2222×579.94＝128.8627(元/m²)。

水材料价调整，水定额消耗量为 0.31+0.005×2＝0.32(m³/m²)，水当期不含税信息价为 3.69 元/m³。调价后水实际费用＝0.32×3.69＝1.1808(元/m²)。

其他材料费＝0.4031+0.0009×2＝0.4049（元/m²），不需调整。

材料费合计＝128.8627+1.1808+0.4049＝130.4484（元/m²）。

③ 机械费及综合费按规定编制招标控制价时不调整。

4）调整后商品混凝土路 C30 定额单价＝10.0589+130.4484+(0.0666+0.0032×2)+(2.3716+0.0588×2)＝143.07(元/m²)。

5）C30 水泥混凝土路面综合单价＝143.07×5100÷5100＝143.07(元/m²)。

将商品混凝土路面（C30）综合单价填入招标工程量清单并计算合价，得到商品混凝土路面（C30）项目计价表，见表4-18。其中，定额人工费＝(8.6706+0.2142×2)×5100＝46404.90(元)；定额机械费＝(0.0666+0.0032×2)×5100＝372.30(元)。

表4-18　分部分项清单计价表

序号	项目编码	项目名称	项目特征描述	计量单位	工程量	金额/元				
						综合单价	合价	其中		
								定额人工费	定额机械费	暂估价
1	040203007001	C30水泥混凝土路面	1. 混凝土强度：C30； 2. 厚度：22cm	m²	5100.00	143.07	729606.00	46404.90	372.30	

（4）纵缝拉杆 HPB400，直径大于 16。依据《计价定额》确定综合单价，具体如下。

1）定额工程量＝清单工程量＝2.079t。

2）定额选择：依据项目特征选择 20 定额 DJ0003 现浇构件钢筋，直径大于 φ16。

3）基价为 5436.11 元/t。其中，人工费 621.69 元/t，材料费 4248.12 元/t，机械费为

215.98 元/t，综合费 350.32 元/t。

① 人工费调整。按四川省建设工程造价管理总站发布的文件规定，当期的人工费调整系数为 10.55%。调整后人工费 = 621.69×(1+10.55%) = 687.28(元/t)。

② 材料费调整。从定额 DJ0003 可知，使用的材料有：钢筋直径大于 ϕ16、焊条综合、镀锌铁丝 22 号、水。

现浇构件钢筋调整，钢筋直径大于 ϕ16 定额消耗量为 1.05t/t，HPB400，直径大于 ϕ16 当期不含税信息价为 5098 元/t。调价后钢筋直径大于 ϕ16 实际费用 = 1.05×5098 = 5352.9(元/t)。

焊条综合材料价调整，焊条综合定额消耗量为 8.64kg/t，经询价当期不含税市场价为 6.5 元/kg。调价后焊条综合实际费用 = 8.64×6.5 = 56.16(元/t)。

镀锌铁丝 22 号材料价调整，镀锌铁丝 22 号定额消耗量为 2.98kg/t，经询价当期不含税市场价为 6.15 元/kg。调价后镀锌铁丝 22 号实际费用 = 2.98×6.15 = 18.327(元/t)。

水材料价调整，水定额消耗量为 0.12m³/t，经询价当期不含税市场价为 3.69 元/kg。调价后水实际费用 = 0.12×3.69 = 0.4428(元/t)。

材料费合计 = 5352.9+56.16+18.327+0.4428 = 5427.83(元/t)。

③ 机械费及综合费按规定编制招标控制价时不调整。

4）调整后现浇构件钢筋高强钢筋（屈服强度不小于 400）直径大于 ϕ16 定额单价 = 687.28+5427.83+215.98+350.32 = 6681.41(元/t)。

5）纵缝拉杆 HPB400，直径大于 ϕ16 清单综合单价 = (6681.41×2.079)÷2.079 = 6681.41(元/t)。

将现纵缝拉杆 HPB400，直径大于 ϕ16 综合单价填入招标工程量清单并计算合价，得现浇构件钢筋 HPB400，直径大于 ϕ16 项目计价表，见表 4-19。其中，定额人工费 = 621.69×2.079 = 1292.49(元)；定额机械费 = 215.98×2.079 = 449.02(元)。

表 4-19 分部分项清单计价表

序号	项目编码	项目名称	项目特征描述	计量单位	工程量	金额/元				
						综合单价	合价	其中		
								定额人工费	定额机械费	暂估价
1	040901001001	纵缝拉杆 HPB400，直径大于 ϕ16	钢筋种类、规格：HPB400 直径大于 ϕ16	t	2.079	6681.41	13890.67	1292.49	449.02	

（5）人行道铺砌。依据《计价定额》确定综合单价，具体如下。

1）清单工程量 = 定额工程量 = 1958.4m²。

2）定额选择：依据项目特征选择《计价定额》DB0229 为安砌混凝土方砖，规格不大于 40cm×40cm，干混砂浆，基价为 53.1669 元/m²。其中，人工费 28.5783 元/m²，材料费 12.6337 元/m²，机械费 0.0024 元/m²，综合费 11.9525 元/m²。

① 人工费调整。按四川省建设工程造价管理总站发布的文件规定，当期的人工费调

整系数为 10.55%。调整后人工费 $=28.5783\times(1+10.55\%)=31.5933(元/m^2)$。

② 材料费调整。从定额 DB0229 可知，人行道块料铺设使用的材料有混凝土方砖、干混地面砂浆、水、其他材料费。

混凝土方砖，经询价市场价与定额价相同，无须调整，为 11.7362 元$/m^2$。

干混地面砂浆材料价调整，干混地面砂浆定额消耗量为 $0.00306t/m^2$，依据清单项目特征，干混地面砂浆当期不含税信息价为 408.03 元/t。调价后干混地面砂浆实际费用 $=408.03\times0.00306=1.2486(元/m^2)$。

水材料价调整，水定额消耗量为 $0.02m^3/m^2$，水当期不含税信息价为 3.69 元$/m^3$。调价后水实际费用 $=0.02\times3.69=0.0738(元/m^2)$。

其他材料费不需要调整，为 0.0153 元$/m^2$。

材料费合计 $=11.7362+1.2486+0.0738+0.0153=13.0739(元/m^2)$。

③ 综合费按规定编制招标控制价时不调整。

3）调整后人行道块料铺设定额单价 $=31.5933+13.0739+0.0024+11.9525=56.6221(元/m^2)$。

4）人行道铺砌综合单价 $=(56.6221\times1958.4)\div1958.4=56.62(元/m^2)$。

将人行道块料铺设综合单价填入招标工程量清单并计算合价，得人行道块料铺设项目计价表，见表 4-20。其中定额人工费 $=28.5783\times1958.4=55967.74(元)$；定额机械费 $=0.0024\times1958.4=4.70(元)$。

表 4-20　分部分项清单计价表

序号	项目编码	项目名称	项目特征描述	计量单位	工程量	综合单价	合价	定额人工费	定额机械费	暂估价
1	040204002001	人行道铺砌	1. 面层材料：40×40×7 预制块铺砌； 2. 砂垫层：20mm M7.5 水泥砂浆（干混砂浆）	m²	1958.40	56.62	110884.61	55967.74	4.70	

（6）安砌侧石。依据《计价定额》确定综合单价，具体如下。

1）清单工程量 = 定额工程量 = 680m。

2）定额选择：依据项目特征选择《计价定额》DB0262 为安砌混凝土路缘石（$L\leqslant100cm$），规格不大于 12cm×30cm，干混砂浆，基价为 29.3692 元/m。其中，人工费 5.2164 元/m，材料费 21.9704 元/m，机械费 0.0006 元/m，综合费 2.1818 元/m。

① 人工费调整。按四川省建设工程造价管理总站发布的文件规定，当期的人工费调整系数为 10.55%。

调整后人工费 $=5.2164\times(1+10.55\%)=5.7667(元/m)$。

② 材料费调整。从定额 DB0262 可知，安砌侧石使用的材料有混凝土路缘石（12cm×

30cm×100cm)、干混地面砂浆、水、其他材料费。

混凝土路缘石 12cm×30cm×100cm 材料价调整，混凝土路缘石 12cm×30cm×100cm 定额消耗量为 0.0362m³/m，混凝土路缘石 12cm×30cm×100cm 当期不含税信息价为 650 元/m³，调价后混凝土路缘石 12cm×30cm×100cm 实际费用 = 0.0362×650 = 23.53(元/m)。

干混地面砂浆材料价调整，干混地面砂浆定额消耗量为 0.00076t/m，依据清单项目特征，干混地面砂浆当期不含税信息价为 408.03 元/t。调价后干混地面砂浆实际费用 = 408.03×0.00076 = 0.3101(元/m)。

水材料价调整，水定额消耗量为 0.015m³/m，水当期不含税信息价为 3.69 元/m³。调价后水实际费用 = 0.015×3.69 = 0.0554(元/m)。

其他材料费不需要调整，为 0.0032 元/m。

材料费合计 = 23.53+0.3101+0.0554+0.0032 = 23.8987(元/m)。

③ 机械费太少无须调整。

④ 综合费按规定编制招标控制价时不调整。

3）调整后人行道块料铺设定额单价 = 5.7667+23.8987+0.0006+2.1818 = 31.8478(元/m)。

4）安砌侧石综合单价 = (31.8478×680.00)÷680.00 = 31.85(元/m)。

将人行道块料铺设综合单价填入招标工程量清单并计算合价，得人行道块料铺设项目计价表，见表 4-21。其中，定额人工费 = 5.2164×680 = 3547.15(元)；定额机械费 = 0.0006×680 = 0.41(元)。

表 4-21　分部分项清单计价表

序号	项目编码	项目名称	项目特征描述	计量单位	工程量	综合单价	合价	定额人工费	定额机械费	暂估价
								\multicolumn{3}{}{其中}		
1	040204004001	安砌侧石	1. 路缘石种类：12×30×100 混凝土；2. 结合层：干混地面砂浆	m	680.00	31.85	21658.00	3547.15	0.41	

[例 4-6]　综合示例。某道路位于成都市工程起点桩号为 K1+500m，终点桩号为 K2+000，路幅宽 30m，横断面布置为：4.5m 人行道+21m 车行道+4.5m 人行道。车行道采用沥青砼面层，路面结构为：4cm AC-13I 细粒式沥青砼+6cm AC-25I 粗粒式沥青砼+25cm 水泥稳定砂砾基层+C20cm 未筛分碎石基层，总厚 55cm；人行道结构为 3cm 花岗岩人行道板+2cm 1∶3 水泥砂浆+15cm C20 砼基层，总厚度 20cm。人行道与车行道间设花岗岩（100cm×12cm×30cm）侧缘石。具体详见设计横断面图及节点大样图，如图 4-12 所示。

扫码查看例题讲解

已知：水泥稳定砂砾基层水泥含量 5%；水泥稳定砂砾石现场拌和。工程所用沥青均为石油沥青；沥青及沥青砼加工厂拌制、机械施工。施工时喷洒沥青黏层油 0.6kg/m²，

沥青透层油 $1kg/m^2$，沥青封层油 $1.2kg/m^2$。沥青混凝土场外运输距离为 $15km$。花岗石板采用 $600mm×600mm$，砼采用商品混凝土。

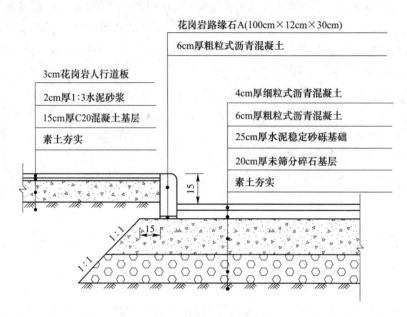

图 4-12　道路横断面图

试编制该道路工程的分部分项工程量清单计价表（按增值税一般计税模式编制招标控制价，材料价按招标控制价编制当期成都市工程造价信息计取，无信息价采取市场价；人工费调整按招标控制价编制当期四川省建设工程造价管理总站颁布相关文件执行）。

解：（1）计算清单工程量，见表 4-22。

表 4-22　工程量计算表

编码	名称	单位	计算式	计算结果
040202001001	车行道路床整形碾压	m^2	（10.5+0.12+0.15+0.25+0.2）×2×500	11220
040204001001	人行道路床整形碾压	m^2	（4.5-0.12）×2×500	4380
040202015001	水泥砂卵石稳定基层	m^2	（10.5+0.12+0.15+0.125）×2×500	10895
040202015002	20cm 厚碎石基层	m^2	（10.5+0.12+0.15+0.25+0.1）×2×500	11120
040203006001	6cm 厚沥青混凝土面层	m^2	21×500	10500
040203006002	4cm 厚沥青混凝土面层	m^2	21×500	10500
040203003001	透层	m^2	21×500	10500
040203003002	黏层	m^2	21×500	10500
040203004001	封层	m^2	21×500	10500
040204004001	道路侧石	m	500×2	1000
040204002001	人行道铺装	m	（4.5-0.12）×2×500	4380

（2）编制工程量清单，见表 4-23。

表 4-23 工程量清单

序号	项目编码	项目名称	项目特征	计量单位	工程量
1	040202001001	车行道路床整形碾压	车行道区域	m²	11220
2	040204001001	人行道路床整形碾压	人行道区域	m²	4380
3	040202015001	水泥砂卵石稳定基层	1. 水泥砂卵石稳定基层厚度25cm； 2. 水泥含量5%	m²	10895
4	040202015002	20cm厚碎石基层	碎石基层厚度20cm	m²	11120
5	040203006001	6cm厚沥青混凝土面层	6cm厚沥青混凝土	m²	10500
6	040203006002	4cm厚沥青混凝土面层	4cm厚沥青混凝土	m²	10500
7	040203003001	透层	石油沥青透层油1kg/m²	m²	10500
8	040203003002	黏层	石油沥青黏层油0.6kg/m²	m²	10500
9	040203004001	封层	石油沥青封层油1.2kg/m²	m²	10500
10	040204004001	道路侧石	1. 材料：花岗岩； 2. 尺寸：100cm×12cm×30cm； 3. 1：3水泥砂浆	m	1000
11	040204002001	人行道铺装	1. 材质3cm花岗岩； 2. C20水泥砼垫层； 3. 1：3水泥砂浆	m²	4380

（3）分部分项工程量清单计价表，见表4-24。

表 4-24 分部分项工程量清单计价表

工程名称：道路案例计价 \ 道路案例计价【道路工程】　　标段：

序号	项目编码	项目名称	项目特征描述	计量单位	工程量	金额/元		
						综合单价	合价	其中 暂估价
1	040202001001	车行道路床整形	车行道区域	m²	11220	1.54	17278.80	
2	040202011001	20厚碎石基层	碎石基层厚度20cm	m²	11120	44.41	493839.20	
3	040202015001	水泥砂卵石稳定基层	1. 水泥砂卵石稳定基层厚度25cm； 2. 水泥含量5%	m²	10895	41.42	451270.90	
4	040203003001	透层	石油沥青透层油1kg/m²	m²	10500	5.41	56805.00	

续表 4-24

| 序号 | 项目编码 | 项目名称 | 项目特征描述 | 计量单位 | 工程量 | 金额/元 | | 其中 |
						综合单价	合价	暂估价
5	040203003002	黏层	石油沥青黏层油 0.6kg/m²	m²	10500	3.38	35490.00	
6	040203004001	封层	石油沥青封层油 1.2kg/m²	m²	10500	8.11	85155.00	
7	040203006001	6cm 沥青混凝土面层	1.6cm 厚沥青混凝土	m²	10500	7.69	80745.00	
8	040203006002	4cm 沥青混凝土面层	1.4cm 厚沥青混凝土	m²	10500	6.13	64365.00	
9	040204001001	人行道整形碾压	人行道区域	m²	4380	1.58	6920.40	
10	040204002001	人行道块料铺设	1. 材质 3cm 花岗岩；2.C20 水泥砼垫层；3.1：3 水泥砂浆	m²	4380	167.65	734307.00	
11	040204004001	道路侧石	1. 材料：花岗岩；2. 尺寸：100cm×12cm×30cm；3.1：3 水泥砂浆	m	1000	26.85	26850.00	
		合　计					2053026.30	

本 章 小 结

（1）本章主要介绍道路工程基础知识、道路工程工程量清单计量与计价。

（2）道路工程基础知识包括道路工程结构与施工，以及道路附属工程施工。道路工程结构介绍道路工程的组成、分类及结构。道路工程施工介绍土石方工程施工、道路基层及面层施工。道路附属工程施工主要介绍侧平石施工、人行道施工、井底升降施工、挡土墙施工、交通管理设施。

（3）道路工程工程量清单计量包括道路工程清单项目的介绍，清单计量概述和清单工程量计算方法。

（4）道路工程工程量清单计价包括市政道路工程计价定额说明、工程量清单计价编制方法。

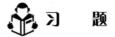

习　题

1. 简答题

（1）简述道路工程的组成。

（2）道路按照路幅和功能分别分为哪几类？

（3）简述道路结构层次。

（4）道路附属工程由哪些内容组成？

（5）道路路面按结构组成和力学特性分为哪几类？

（6）简述道路石灰土基层的施工工序。

（7）简述道路水泥石屑基层的施工工序。

（8）简述道路面层中透层、黏层、封层的作用。

（9）简述水泥混凝土路面的施工工序。

2. 计算题

（1）图 4-13 为某新建道路工程设计平面及横断面图，施工桩号为（K0+000）~（K0+500）。试计算道路基层、面层及安砌侧石清单工程量，并进行清单计价（四川 2020 定额一般计税模式，材料价按招标控制价编制当期工程造价信息计取，无信息价采取市场价；人工费调整按招标控制价编制当期四川省建设工程造价管理总站颁布相关文件执行）。

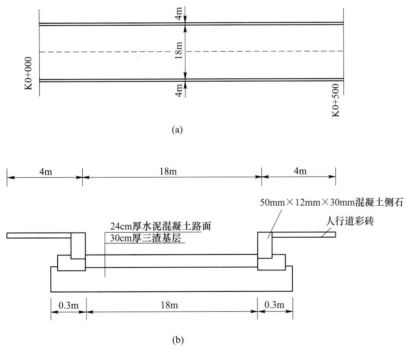

图 4-13　道路工程设计平面、横断面图
（a）平面图；（b）断面图

（2）图 4-14 为某新建道路工程设计平面及横断面图，主干道施工桩号为（K0+000）~（K0+900），设计车行道宽度为 18m；支路正交于主干道，施工桩号为（K0+000）~（K0+200），支路车行道宽度为 12m。试计算道路基层、面层及安砌侧石清单工程量。

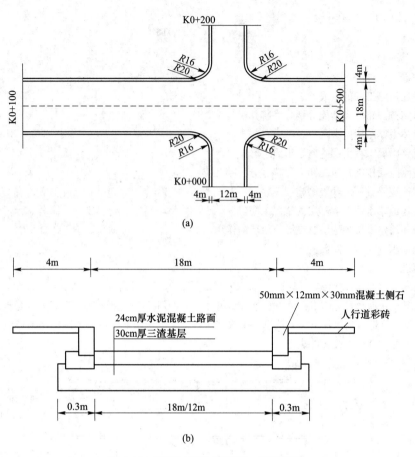

图 4-14　道路工程设计平面、横断面图

（a）平面图；（b）断面图

5 市政桥涵工程计量与计价

5.1 桥涵工程基础知识

桥梁是为跨越沟谷、公路、铁路、江河、水域或其他障碍物而修建的构造物，可用于铁路、人行、公路、管线、水运或驳运。桥梁可分为上部结构、下部结构、支座和附属设施四部分。上部结构指桥涵的承重结构；下部结构支撑上部结构，由桥墩、桥台、翼墙及基础组成；支座是指将上部结构所承受的荷载传递给下部结构的构件；附属设施是除上部结构、下部结构和支座之外的其他构筑物。

5.1.1 桥涵结构基本组成

桥梁一般由以下几部分组成，如图5-1和图5-2所示。

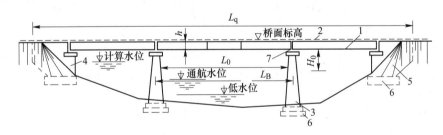

图 5-1 桥梁的基本组成

1—主梁；2—桥面；3—桥墩；4—桥台；5—锥形护坡；6—基础；7—支座

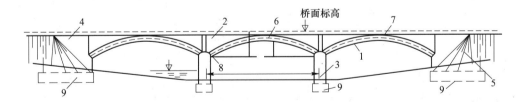

图 5-2 拱桥的基本组成

1—拱圈；2—拱上结构；3—桥墩；4—桥台；5—锥形护坡；6—拱轴线；7—抽顶；8—拱脚；9—基础

5.1.1.1 桥梁上部结构

桥梁的上部结构也通常被称为桥跨结构、桥孔结构，包括承重结构及联结部件，是线路跨越障碍的主要结构。承重结构指主梁（或拱、索）；联结结构包括纵向及横向的结构构件。

5.1.1.2 桥梁下部结构

桥梁下部结构指桥墩和桥台（包括基础）。桥墩和桥台是支撑桥跨结构并将恒载和车辆等活载传至地基的结构物，通常将设置在桥两端的称为桥台，它除了上述作用外，还与路堤相衔接，以抵御路堤土压力，防止路堤填土的滑坡和坍落，单孔桥没有中间桥墩。基础是指桥墩和桥台中使全部荷载传至地基的底部奠基部分，它是确保桥梁能安全使用的关键。基础往往深埋于土层之中，并且需在水下施工，故也是桥梁建筑中比较困难的一个部分。

5.1.1.3　支座

支座是指一座桥梁中在桥跨结构与桥墩或桥台的支撑处设置的传力装置，作用是把上部结构的各种荷载传递到墩台上，并适应活载、温度变化、混凝土收缩和徐变等因素所产生的位移。

5.1.1.4　附属设施

附属设施包括桥面系结构、锥形护坡、护岸及导流结构物等。桥面系构造包括桥面铺装、排水防水系统、栏杆、伸缩缝及灯光照明等。

5.1.2　桥涵工程的类型

桥涵是由基本构件所组成的各种结构物，在力学上也可归结为梁式、拱式和索式三种基本体系，以及它们之间的各种组合。下面从受力特点、建桥材料、适用跨度及施工条件等方面来阐明桥梁各种类型的特点。

5.1.2.1　梁式桥

梁式桥是一种在竖向荷载作用下无水平反力的结构，如图 5-3 所示，主要承重结构为梁（板）。梁式桥的受力特点是在竖向荷载的作用下，支座处只有竖向反力，梁（板）内主要产生弯拉应力。

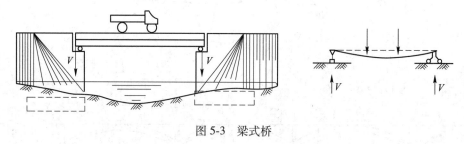

图 5-3　梁式桥

5.1.2.2　拱式桥

拱式桥的主要承重结构是拱圈或拱肋，这种结构在竖向荷载作用下，桥墩或桥台将承受水平推力；同时，这种水平推力将显著抵消荷载所引起在拱圈（或拱肋）内的弯矩作用。因此，与同跨径的梁相比、拱的弯矩和变形要小得多。拱桥的跨越能力较大，外形也较美观，在条件许可的情况下，修建拱桥往往是经济合理的，如图 5-4 所示。

5.1.2.3　索式桥

索式桥的主要承重结构是缆索，受力特点是在竖向荷载作用下，缆索只承受拉力，受力后变形大，受车辆和风等影响产生的振动大。传统的吊桥均用悬挂在两边塔架上的强大缆索作为主要承重结构。在竖向荷载作用下，通过吊杆使缆索承受很大的拉力，通常就需要在两岸桥台的后方修筑非常巨大的锚碇结构。吊桥也是具有水平反力（拉力）的结构。

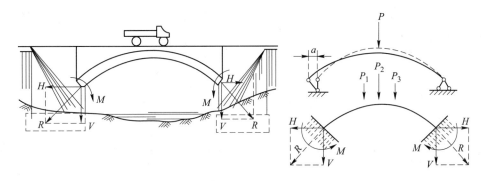

图 5-4 拱式桥

5.1.2.4 组合体系桥梁

组合体系桥梁的主要承重构件采用两种及以上独立结构体系组合而成的桥梁，如拱和梁的组合及悬索和梁的组合等。组合体系可以是静定结构，也可以是超静定结构；可以是无推力结构，也可以是有推力结构。结构构件可以用同一种材料，也可以用不同的材料制成。

A 梁拱组合体系

梁拱组合体系是利用梁的受弯与拱的承压特点组合而成。均为简单的拱梁组合体系有：单跨无推力结构，如系杆拱（即刚性拱和柔性拉杆的组合）、刚梁柔拱、刚梁刚拱；较复杂的拱、梁组合体系为多跨布置的无推力或有推力的结构体系。

B 梁索组合体系

斜拉桥由斜拉索、塔柱和主梁所组成，用高强钢材制成的斜索将主梁多点吊起，并将主梁的恒载和车辆荷载传至塔柱，再通过塔柱基础传至地基。这样跨度较大的主梁就像一根多点弹性支撑（吊起）的连续梁一样工作，从而可使主梁尺寸大大减小，结构自重显著减轻，既节省了结构材料，又大幅度地增大桥梁的跨越能力。

5.2 桥涵工程计量

5.2.1 桥涵工程工程量计算规范

《市政工程工程量计算规范》（GB 50857—2013）中"附录 C 桥涵工程"分为桩基、基坑与边坡支护、现浇混凝土构件、预制混凝土构件、砌筑、立交箱涵、钢结构、装饰、其他和相关问题及说明共 10 节 86 个清单项目，见表 5-1。

表 5-1　桥涵工程分部分项工程清单

编　码	分部工程名称
040301	C.1 桩基
040302	C.2 基坑与边坡支护
040303	C.3 现浇混凝土构件

编　码	分部工程名称
040304	C.4 预制混凝土构件
040305	C.5 砌筑
040306	C.6 立交箱涵
040307	C.7 钢结构
040308	C.8 装饰
040309	C.9 其他

5.2.1.1　桩基

桩基工程共有 12 项清单项目，包括预制钢筋混凝土方桩、预制钢筋混凝土管桩、钢管桩、泥浆护壁成孔灌注桩、沉管灌注桩、干作业成孔灌注桩、挖孔桩土（石）方、人工挖孔灌注桩、钻孔压浆桩、灌注桩后注浆、截桩头及声测管。

（1）当预制钢筋混凝土方桩、预制钢筋混凝土管桩以"m"计量时，按设计图示尺寸以桩长（包括桩尖）计算；当以"m³"计量时，按设计图示桩长（包括桩尖）乘以桩的断面积计算；当以"根"计量时，按设计图示数量计算。

（2）当钢管桩以"t"计量时，按设计图示尺寸以质量计算；当以"根"计量时，按设计图示数量计算。

（3）当泥浆护壁成孔灌注桩以"m"计量时，按设计图示尺寸以桩长（包括桩尖）计算；当以"m³"计量时，按不同截面在桩长范围内以体积计算；以"根"计量时，按设计图示数量计算。

（4）当沉管灌注桩、干作业成孔灌注桩以"m"计量时，按设计图示尺寸以桩长（包括桩尖）计算；当以"m³"计量时，按不同截面在桩长范围内以体积计算；当以"根"计量时，按设计图示数量计算。

（5）挖孔桩土（石）方按设计图示尺寸（含护壁）截面积乘以挖孔深度以"m³"计算。

（6）当人工挖孔灌注桩以"m³"计量时，按桩芯混凝土体积计算；以"根"计量时，按设计图示数量计算。

（7）当钻孔压浆桩以"m"计量时，按设计图示尺寸以桩长计算；以"根"计量时，按设计图示数量计算。

（8）灌注桩后注浆按设计图示以注浆孔数计算。

（9）当截桩头以"m³"计量时，按设计桩截面乘以桩头长度以体积计算；当以"根"计量时，按设计图示数量计算。

（10）声测管按设计图示尺寸以质量计算，或按设计图示尺寸以长度计算。

5.2.1.2　基坑与边坡支护

桩基工程共有 8 项清单项目，包括圆木桩、预制钢筋混凝土板桩、地下连续墙、咬合灌注桩、型钢水泥土搅拌墙、锚杆（索）、土钉和喷射混凝土。

（1）当圆木桩以"m"计量时，按设计图示尺寸以桩长（包括桩尖）计算；以"根"计量时，按设计图示数量计算。

（2）当预制钢筋混凝土板桩以"m^3"计量时，按设计图示桩长（包括桩尖）乘以桩的断面积计算；以"根"计量时，按设计图示数量计算。

（3）地下连续墙以"m^3"计量，按设计图示墙中心线长乘以厚度乘以槽深，以体积计算。

（4）当咬合灌注桩以"m"计量时，按设计图示尺寸以桩长计算；以"根"计量时，按设计图示数量计算。

（5）型钢水泥土搅拌墙按设计图示尺寸以体积计算。

（6）当锚杆（索）和土钉以"m"计量时，按设计图示尺寸以钻孔深度计算；以根计量时，按设计图示数量计算。

锚杆是指由杆体（钢绞线、普通钢筋、热处理钢筋或钢管）、注浆形成的固结体、锚具、套管、连接器所组成的一端与支护结构构件连接，另一端锚固在稳定岩土体内的受拉杆件。杆体采用钢绞线时，也可称为锚索。

土钉是设置在基坑侧壁土体内的承受拉力与剪力的杆件。例如，成孔后植入钢筋杆体并通过孔内注浆在杆体周围形成固结体的钢筋土钉，将设有出浆孔的钢管直接击入基坑侧壁土中并在钢管内注浆的钢管土钉。

需要注意的是，在清单列项时，要正确区分锚杆项目和土钉项目。

1）土钉是被动受力，即土体发生一定变形后，土钉才受力，从而阻止土体的继续变形；锚杆是主动受力，通过拉力杆将表层不稳定岩土体的荷载传递至岩土体深部稳定位置，从而实现被加固岩土体的稳定。

2）土钉是全长受力，受力方向分为两部分，潜在滑裂面把土钉分为两部分，前半部分受力方向指向潜在滑裂面方向，后半部分受力方向背向潜在的滑裂面方向；锚杆则是前半部分为自由端，后半部分为受力段，所以有时候在锚杆的前半部分不充填砂浆。

3）土钉一般不施加，而锚杆一般施加预应力。

（7）喷射混凝土以"m^2"计量，按设计图示尺寸以面积计算。

5.2.1.3 现浇混凝土构件

现浇混凝土构件共有25项清单项目，包括混凝土垫层、混凝土基础、混凝土承台、混凝土墩（台）帽、混凝土墩（台）身、混凝土支撑梁及横梁、混凝土墩（台）盖梁、混凝土拱桥拱座、混凝土拱桥拱肋、混凝土拱上构件、混凝土箱梁、混凝土连续板、混凝土板梁、混凝土板拱、混凝土挡墙墙身、混凝土挡墙压顶、混凝土楼梯、混凝土防撞护栏、桥面铺装、混凝土桥头搭板、混凝土搭板枕梁、混凝土桥塔身、混凝土连系梁、混凝土其他构件、钢管拱混凝土。

（1）混凝土垫层、混凝土基础、混凝土承台、混凝土墩（台）帽、混凝土墩（台）身、混凝土支撑梁及横梁、混凝土墩（台）盖梁、混凝土拱桥拱座、混凝土拱桥拱肋、混凝土拱上构件、混凝土箱梁、混凝土连续板、混凝土板梁、混凝土板拱、混凝土挡墙墙身和混凝土挡墙压顶，以"m^3"计量，按设计图示尺寸以体积计。

（2）当混凝土楼梯以"m^2"计量时，按设计图示尺寸以水平投影面积计算；当以"m^3"计量时，按设计图示尺寸以体积计算。

（3）混凝土防撞护栏以"m"计量，按设计图示尺寸以长度计算。

（4）桥面铺装以"m^2"计量，按设计图示尺寸以面积计算。

（5）混凝土桥头搭板、混凝土搭板枕梁、混凝土桥塔身、混凝土连系梁、混凝土其他构件、钢管拱混凝土以"m^3"计量，按设计图示尺寸以体积计算。

5.2.1.4 预制混凝土构件

预制混凝土构件共有5项清单项目，包括预制混凝土梁、预制混凝土柱、预制混凝土板、预制混凝土挡土墙墙身和预制混凝土其他构件。这些均以"m^3"计量，按设计图示尺寸以体积计。

5.2.1.5 砌筑

砌筑共有5项清单项目，包括垫层、干砌块料、浆砌块料、砖砌体和护坡。

（1）垫层、干砌块料、浆砌块料、砖砌体以"m^3"计量，按设计图示尺寸以体积计。

（2）护坡以"m^2"计量，按设计图示尺寸以面积计。

5.2.1.6 立交箱涵

立交箱涵共有7项清单项目，包括透水管、滑板、箱涵底板、箱涵侧墙、箱涵顶板、箱涵顶进和箱涵接缝。

（1）透水管以"m"计量，按设计图示尺寸以长度计算。

（2）滑板、箱涵底板、箱涵侧墙、箱涵顶板以"m^3"计量，按设计图示尺寸以体积计算。

（3）箱涵顶进以"kt·m"计量，按设计图示尺寸以被顶箱涵的质量，乘以箱涵的位移距离分节累计计算。

（4）箱涵接缝以"m"计量，按设计图示止水带长度计算。

5.2.1.7 钢结构

钢结构共有9项清单项目，包括钢箱梁、钢板梁、钢桁梁、钢拱、劲性钢结构、钢结构叠合梁、其他钢构件、悬（斜拉）索和钢拉杆。

（1）钢箱梁、钢板梁、钢桁梁、钢拱、劲性钢结构、钢结构叠合梁、其他钢构件以"t"计量，按设计图示尺寸以质量计算。不扣除孔眼的质量，焊条、铆钉、螺栓等不另增加质量。

（2）悬（斜拉）索、钢拉杆以"t"计量，按设计图示尺寸以质量计算。

5.2.1.8 装饰

装饰共有5项清单项目，包括水泥砂浆抹面、剁斧石饰面、镶贴面层、涂料、油漆。这些均以"m^2"计量，按设计图示尺寸以面积计算。

5.2.1.9 其他

钢结构共有10项清单项目，包括金属栏杆、石质栏杆、混凝土栏杆、橡胶支座、钢支座、盆式支座、桥梁伸缩装置、隔声屏障、桥面排（泄）水管、防水层。

（1）当金属栏杆以"t"计量时，按设计图示尺寸以质量计算；当以"m"计量时，按设计图示尺寸以延长米计算。

（2）石质栏杆、混凝土栏杆以"m"计量，按设计图示尺寸以延长米计算。

（3）橡胶支座、钢支座、盆式支座以"个"计量，按设计图示数量计算。

（4）桥梁伸缩装置以"m"计量，按设计图示尺寸以延长米计算。

（5）隔声屏障以"m^2"计量，按设计图示尺寸以面积计算。

（6）桥面排（泄）水管以"m"计量，按设计图示尺寸以延长米计算。

（7）防水层以"m²"计量，按设计图示尺寸以面积计算。

5.2.2 桥涵工程计量的相关要求

（1）地层情况按现行国家标准《市政工程工程量计算规范》（GB 50857—2013）表 A.1-1 和表 A.2-1 的规定，并根据岩土工程勘察报告按单位工程各地层所占比例（包括范围值）进行描述。对无法准确描述的地层情况，可注明由投标人根据岩土工程勘察报告自行决定报价。

（2）地下连续墙和喷射混凝土的钢筋网制作、安装，按《市政工程工程量计算规范》（GB 50857—2013）"附录 J 钢筋工程"中相关项目编码列项。基坑与边坡支护的排桩按现行国家标准《市政工程工程量计算规范》（GB 50857—2013）附录 C.1 中相关项目编码列项。水泥土墙、坑内加固按现行国家标准《市政工程工程量计算规范》（GB 50857—2013）"附录 B 道路工程"中 B.1 中相关项目编码列项。混凝土挡土墙、桩顶冠梁、支撑体系按现行国家标准《市政工程工程量计算规范》（GB 50857—2013）"附录 D 隧道工程"中相关项目编码列项。

（3）台帽、台盖梁均应包括耳墙、背墙。

（4）干砌块料、浆砌块料和砖砌体应根据工程部位不同，分别设置清单编码。

（5）本节清单项目中"垫层"指碎石、块石等非混凝土类垫层。

（6）除箱涵顶进土方外，顶进工作坑等土方现行国家标准《市政工程工程量计算规范》（GB 50857—2013）"附录 A 土石方工程"中相关项目编码列项。

（7）如果装饰遇本清单项目缺项时，可按现行国家标准《房屋建筑与装饰工程工程量计算规范》（GB 50854—2013）中相关项目编码列项。

（8）支座垫石混凝土按 C.3 混凝土基础项目编码列项。

（9）本节清单项目各类预制桩均按成品构件编制，购置费用应计入综合单价中，如采用现场预制，包括预制构件制作的所有费用。

（10）当以体积为计量单位计算混凝土工程量时，不扣除构件内钢筋、螺栓、预埋铁件、张拉孔道和单个面积不大于 0.3m² 的孔洞所占体积，但应扣除型钢混凝土构件中型钢所占体积。

（11）桩基陆上工作平台搭拆工作内容包括在相应的清单项目中，若为水上工作平台搭拆，现行国家标准《市政工程工程量计算规范》（GB 50857—2013）附录 L 措施项目相关项目单独编码列项。

5.2.3 桥涵工程工程量清单编制

工程量清单编制包括分部分项工程量清单、措施项目清单、其他项目清单及规费、税金清单。本节结合桥涵工程特点，重点介绍分部分项工程量清单的编制，措施项目清单详见第 7 章。

桥涵工程分部分项工程量清单的编制，应根据《市政工程工程量计算规范》（GB 50857—2013）中"附录 C 桥涵工程"规定的统一项目编码、项目名称、计量单位和工程量计算规则编制。《市政工程工程量计算规范》（GB 50857—2013）将桥涵工程共划分 9

节，74 个清单项目。

桥涵工程分部分项工程量清单编制的最终成果是填写"分部分项工程量清单"表。正确地填表应解决两方面的问题：一是合理列出拟建桥涵工程各分部分项工程的清单项目名称，并正确编码，可简称为"列项编码"；二是就列出的各分部分项工程清单项目，逐项按照清单工程量计量单位和计算规则，进行工程数量的分析计算，可简称为"清单工程量计量"。

5.2.3.1　列项编码

桥涵工程的列项编码，应依据《市政工程工程量计算规范》（GB 50857—2013）、招标文件的有关要求，桥涵工程施工图设计文件和施工现场条件等综合考虑确定。

A　审读图纸

桥涵工程施工图一般由桥涵平面布置图、桥涵结构总体布置图、桥涵上下部结构图及钢筋布置图、桥面系构造图、附属工程结构设计图组成。工程量清单编制者必须认真阅读全套施工图，了解工程的总体情况，明确各结构部分的详细构造，为分部分项工程量清单编制掌握基础资料。

（1）桥涵平面布置图表达桥涵的中心轴线线形、里程结构宽度、桥涵附近的地形地物等情况。为编制工程量清单时确定工程的施工范围提供依据。

（2）桥涵结构总体布置图中，立面图表达桥涵的类型、孔数及跨径、桥涵高度及水位标高、桥涵两端与道路的连接情况等；剖面图表达桥涵上下部结构的形式以及桥涵横向的布置方式等。该布置图主要为编制桥涵护岸分部分项工程量清单及措施项目时提供根据。

（3）桥涵上下部结构图及钢筋布置图中，上下部结构图表达桥涵的基础、墩台、上部的梁（拱或塔索）的类型；各部分结构的形状、尺寸、材质以及各部分的连接安装构造等。钢筋布置图表达钢筋的布置形式、种类及数量，主要为桥涵护岸桩基、现浇混凝土、预制混凝土、砌筑、装饰的分部分项工程量清单编制提供依据。

（4）桥面系构造图表达桥面铺装、人行道、栏杆、防撞墙、伸缩缝、防水排水系统、隔声构造等的结构形式、尺寸及各部分的连接安装。该布置图主要为编制桥涵护岸的现浇混凝土、预制混凝土、其他分部分项工程量清单编制提供根据。

（5）附属工程结构设计图主要是指跨越河流的桥涵或城市立交桥梁修建的河流护岸河床、河床铺砌、倒流堤坝、护坡、挡墙等配套工程项目。

从以上桥涵图纸内容的分析可以看出，一个完整的桥涵工程分部分项工程清单，应至少包括《市政工程工程量计算规范》（GB 50857—2013）"附录 A 土方工程""附录 C 桥涵工程"中的有关清单项目，还可能出现"附录 B 道路工程""附录 J 钢筋工程""附录 K 拆除工程"中的有关清单项目。

B　列项

列项是指在熟读施工图的基础上，对照《市政工程工程量计算规范》（GB 50857—2013）"附录 C 桥涵工程"中各分部分项清单项目的名称、特征、工程内容，将报建的桥涵工程结构进行合理的分类组合，编排列出一个个相对独立的与"附录 C 桥涵工程"各清单项目相对应的分部分项清单项目，在检查符合不重不漏的前提下，确定分部分项的项目名称。

C　编码

在进行正确的列项后,按各分部分项的项目名称予以正确的项目编码。当拟建工程出现新结构、新工艺,不能与《市政工程工程量计算规范》(GB 50857—2013)附录的清单项目对应时,按《建设工程工程量清单计价规范》(GB 50500—2013)中3.2.4条第2点执行。

5.2.3.2　清单工程量计量

桥涵工程清单计量按照《市政工程工程量计算规范》(GB 50857—2013)"附录 C 桥涵工程"各项目工程量计算规则进行计量。

[**例 5-1**]　某单跨小型桥梁,采用轻型桥台、钢筋混凝土方桩基础,桥梁桩基础如图5-5 所示。

试依据《市政工程工程量计算规范》(GB 50857—2013)"附录 C 桥涵工程"计算桩基清单工程量并编制工程量清单。

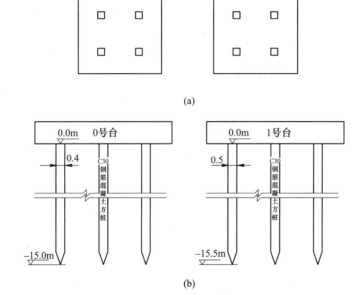

图 5-5　桥梁桩基础(单位:m)

(a)桩基平面图;(b)横剖面图

解:(1)计算工程量,见表 5-2。

表 5-2　工程量计算表

编码	名称	单位	计算式	计算结果
040301001001	C30 钢筋混凝土方桩 (400mm×400mm)	根	6	6
		m	15×6	90
		m³	15×0.4×0.4×6	14.40

编码	名称	单位	计算式	计算结果
040204001002	C30 钢筋混凝土方桩 （500mm×500mm）	根	6	6
		m	15.50×6	93
		m³	15.50×0.5×0.5×6	23.25

（2）以"m"为单位编制工程量清单，见表 5-3。

表 5-3　工程量清单

项目编码	项目名称	项目特征	计量单位	工程量
040301001001	C30 钢筋混凝土方桩 （400mm×400mm）	1. 地层情况：综合； 2. 桩长：15m； 3. 桩截面：400mm×400mm； 4. 混凝土强度：C30	m	90
040204001002	C30 钢筋混凝土方桩 （500mm×500mm）	1. 地层情况：综合； 2. 桩长：15.5m； 3. 桩截面：500mm×500mm； 4. 混凝土强度：C30	m	93

[例 5-2]　图 5-6 为某桥梁 C30 现浇混凝土墩帽，使用商品混凝土泵送浇筑。

试依据《市政工程工程量计算规范》（GB 50857—2013）"附录 C 桥涵工程"计算墩帽清单工程量。

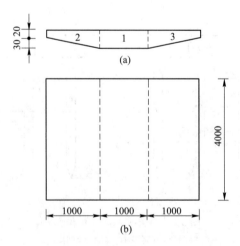

图 5-6　某桥梁 C30 现浇混凝土墩帽（单位：mm）

解：（1）计算工程量，见表 5-4。

表 5-4　工程量计算表

编码	名称	单位	计算式	计算结果
040303004001	C30 混凝土墩帽	m³	$V_1 = 1×4×(0.02+0.03) = 0.20(m^3)$ $V_2 = V_3 = (0.02+0.05)÷2×1×4 = 0.14(m^3)$ $V = V_1+V_2+V_3 = 0.2+0.14+0.14 = 0.48(m^3)$	0.48

（2）编制工程量清单，见表 5-5。

表 5-5　工程量清单

项目编码	项目名称	项目特征	计量单位	工程量
040303004001	C30 现浇混凝土墩帽	混凝土强度：C30	m³	0.48

[例 5-3]　某桥梁重力式桥台，台身采用 M10 水泥砂浆砌块石，台帽采用 M10 水泥砂浆砌料石（见图 5-7），共 2 个台座，长度 12m；φ100PVC 泄水管安装间距 3m；50×50 级配碎石反滤层、泄水孔进口二层土工布包裹。

试依据《市政工程工程量计算规范》（GB 50857—2013）计算台帽及台身清单工程量。

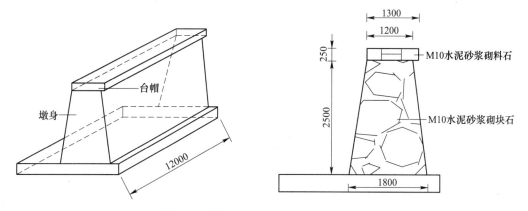

图 5-7　某桥梁重力式桥台（单位：mm）

解：（1）计算工程量，见表 5-6。

表 5-6　工程量计算表

编码	名称	单位	计算式	计算结果
040305003001	浆砌块料石台帽	m³	1.3×0.25×12×2	7.80
040305003002	浆砌块料石台身	m³	（1.8+1.2）÷2×2.5×12×2	90

（2）编制工程量清单，见表 5-7。

表 5-7　工程量清单

项目编码	项目名称	项目特征	计量单位	工程量
040305003001	浆砌块石台帽	1. 材料：块石； 2. 砂浆强度：M10 水泥砂浆； 3. 泄水孔：φ100PVC，间距 3m； 4. 滤水层：50×50 级配碎石反滤层、泄水孔，进口二层土工布包裹	m³	7.80
040305003002	浆砌块石台身	1. 材料：块石； 2. 砂浆强度：M10 水泥砂浆； 3. 泄水孔：φ100PVC，间距 3m； 4. 滤水层：50×50 级配碎石反滤层、泄水孔，进口二层土工布包裹	m³	90

5.3 桥涵工程计价

桥涵工程工程量清单计价包含分部分项工程量清单计价、措施项目清单计价、其他项目清单计价、规费及税金清单计价。本节主要结合《四川省建设工程工程量清单计价定额——市政工程》（以下简称《计价规范》）介绍桥涵工程各分部分项清单计价。分部分项工程量清单计价就是根据"分部分项工程量清单"，按照《建设工程工程量清单计价规范》（GB 50500—2013）规定的统一计价格式，完成"分部分项工程量清单计价表"和"分部分项工程量清单综合单价分析表"的填写计算，其关键是桥涵工程分部分项工程的综合单价的分析计算。

5.3.1 桥涵工程计价定额说明

5.3.1.1 一般说明

（1）《计价定额》中桥涵工程定额适用于城镇范围新建、扩建的单孔跨径不大于100m的桥梁，以及立交桥、防护墙、堤防工程。

（2）C.1桩基、C.2基坑与边坡支护执行《四川省建设工程工程量清单计价定额——房屋建筑与装饰工程》相应定额项目。

（3）C.6立交箱涵执行《四川省建设工程工程量清单计价定额——城市轨道交通工程》[1]相应定额项目。

（4）C.7钢结构执行《四川省建设工程工程量清单计价定额——装配式建筑工程》[2]相应定额项目。

（5）现浇混凝土构件定额项目中不包括模板、支架和脚手架搭拆，模板、支架和脚手架搭拆执行本定额"L措施项目"相应定额项目。

（6）预制混凝土构件的模板制作安装项目在本章节内单独列项。

（7）现浇、预制混凝土构件中的钢筋和预埋铁件制作安装，按本定额"J钢筋工程"相应定额项目执行。

（8）沥青类桥面铺装及桥上人行道铺装执行本定额"B道路工程"相应定额项目。

5.3.1.2 现浇混凝土构件

（1）毛石混凝土中的毛石含量如果与设计不同时，应按设计含量调整毛石消耗量。

（2）现浇混凝土总运距不大于150m时，不得计算混凝土半成品运输费；超过者，超出部分按道路工程混凝土半成品运输相应增运距定额项目执行。

（3）现浇混凝土墙定额中已包括预留泄水孔的工料，泄水孔如需安装管道时，管材费另计。

---

[1] 四川省建设工程造价总站. 四川省建设工程工程量清单计价定额——城市轨道交通工程［M］. 成都：四川科学技术出版社，2020.

[2] 四川省建设工程造价总站. 四川省建设工程工程量清单计价定额——装配式建筑工程［M］. 成都：四川科学技术出版社，2020.

（4）现浇整体楼梯的折算厚度为 200mm，现浇弧形楼梯执行《四川省建设工程工程量清单计价定额——房屋建筑与装饰工程》相应定额项目。

（5）钢纤维混凝土中的钢纤维定额用量与设计用量不同时，应按设计用量调整钢纤维的消耗量。

（6）混凝土墙与混凝土墙帽同时浇筑时，墙帽混凝土合并在墙体内执行墙体定额项目。

（7）支座垫石、挡块、耳墙、背墙执行墩台帽、盖梁相应定额项目。

（8）挡墙基础执行现浇混凝土基础相应定额项目。

5.3.1.3 预制混凝土构件

（1）混凝土构件安装中已包含砂浆消耗量的定额项目，不再单独计列砂浆的数量。

（2）预制混凝土构件制作按 1.5% 计算损耗，但现场预制混凝土构件按 0.7% 计算损耗，预制混凝土柱、梁和桥板不计损耗。

（3）预制混凝土构件运输按构件重量分别执行相应定额。素混凝土按每立方米构件 2.4t 计算质量，钢筋混凝土按每立方米计算质量，钢筋不另计。

（4）构件运输机械是综合考虑的，一律不得变动。

（5）构件运定额中已考虑了一般运输支架的摊销费用，不另计算。

（6）构件安装未包括修路以及铺垫道木、钢板、钢轨等的铺设及维修工料费，发生时按"措施项目"相应定额项目计算；预制混凝土梁板安装未包括单导梁、双导梁、跨墩门架设备的安装、移动、拆除等工料费用，发生时按"措施项目"相应定额项目计算。

（7）卷扬机安装预制构件执行扒杆相应定额。

（8）架桥机安装桥梁预制构件执行单导梁、双导梁相应定额。

（9）本册定额中现浇混凝土（不含泵送混凝土）、预制混凝土构件、钢构件、制作安装及墩、台、墙砌筑提升高度按原地面标高至梁底标高以 10m 为界编制。

1）若提升高度超过 10m，项目按提升高度不同，全桥划分为若干段，以超高段承台顶面以上提升高度，按表 5-8 分段调整相应定额中的人工及机械计算超高费。

表 5-8　提升高度超高调整系数

提升高度 h/m	人工费系数	机械费系数
$h \leqslant 15$	1.08	1.25
$h \leqslant 25$	1.20	1.60
$h \leqslant 35$	1.40	1.80

2）若提升高度超过 35m，按批准的专项施工方案另行计取。

5.3.1.4 砌筑说明

（1）砌体定额中均未包括勾缝，如需勾缝者，按本定额"C.8 装饰工程"相应定额项目执行。

（2）砌体内采用钢筋加固者，按本定额"J 钢筋工程"中的相应定额项目执行。

（3）定额中未包括拱背、台背的填充料，另按相应定额项目执行。

（4）清条石墙的座宽大于 60cm 时，定额人工费乘以系数 0.8；弧形墙、倾斜墙（纵坡大于 10%）按相应墙的人工费乘以系数 1.18。

（5）砌筑护面墙按挡墙相应定额项目人工乘以系数1.4。

（6）定额中条石、砌块、砖的规格，如与当地的规格不同时，允许换算，但人工费和机械费不做调整：

1）条石规格，300mm×300mm×1000mm，或250mm×250mm×1000mm；

2）板石规格，150mm×400mm×1000mm，或200mm×400mm×1000mm；

3）混凝土砌块规格，300mm×300mm×1000mm；

4）标准砖，53mm×115mm×240mm。

（7）拱圈砌筑定额中已包括拱圈底模制作、安装、拆除费用。

5.3.1.5　装饰说明

（1）除抹灰、勾缝、石表面加工外，其他饰面执行《四川省建设工程工程量清单计价定额——房屋建筑与装饰工程》相应定额项目。

（2）定额中勾缝定额均为加浆勾缝。如果为原浆勾缝，定额人工费按加浆勾缝人工费乘以系数0.5，材料费和机械费不计。

（3）抹面、勾缝定额均以直、斜墙面为准。如果为拱下作业，人工乘以系数1.67。

（4）"石表面加工"定额适用于设计规定石砌体露面部分的细加工，毛条石打平天地座、镶缝的用工已包括在定额中，不得另行计算。毛条石加工成清条石的材料加工费，按当地的有关规定执行，不得套用"石表面加工"定额。

5.3.2　桥涵工程计价定额工程量计算规则

对桥涵结构工程而言，定额工程量的计算仍然以施工图纸为依据，并应遵守《计价定额》中桥涵工程工程量计算规则。

5.3.2.1　现浇混凝土构件及预制混凝土构件

（1）现浇及预制混凝土空心构件均按图示尺寸扣除空心体积，以实体积计算，不扣除构件内钢筋、螺栓、预埋铁件、张拉孔道和单个面积不大于$0.3m^2$的孔洞所占体积，但应扣除型钢混凝土构件中型钢所占体积。

（2）预应力混凝土构件的封锚混凝土数量并入构件混凝土工程量计算。

（3）预制空心板的堵头混凝土强度与构件混凝土强度不一致时，分别计算工程量套用相应定额。

（4）预制构件运输工程量按设计图示尺寸计算，运输距离按下述规定计算。

1）施工现场外的运输，按施工组织设计确定的预制场（厂）至施工现场的最近入口的最短实际行驶距离计算。

2）施工现场内的运输按该工程里程的1/2计算。

3）上述1）+2）为该工程预制构件的运输距离。

4）以上运输距离之和超过定额项目中的最大运输距离时，超出部分不再执行运输定额，按社会运价计算。

（5）楼梯（包括休息平台、平台梁、斜梁）分层按水平投影面积计算。与地面相连的踏步执行《四川省建设工程工程量清单计价定额——房屋建筑与装饰工程》相应定额项目。

5.3.2.2　砌筑

（1）砌体工程量按图示尺寸以实体积计算，不扣除嵌入砌体的钢筋、铁件以及单个面积不大于 0.3m² 的孔洞。

（2）石踏步、石梯带砌体以"m"计算，石平台以"m²"计算，踏步、梯带平台板以下的隐蔽部分以"m³"计算，按相应定额项目执行。

[例 5-4] 桥涵工程计价示例。某人行钢结构桥位于成都市区，上部结构采用 1~24m 钢箱梁，下部结构桥台均采用重力式桥台，扩大基础，桥梁支座使用板式橡胶支座 GJZ 250mm×250mm×41mm。桥型图如图 5-8 所示。分部分项清单（节选）见表 5-9，试按增值税一般计税方法编制招标控制价。

扫码查看
例题讲解

试计算该分部分项清单（节选）的综合单价（材料价按招标控制价编制当期成都市工程造价信息计取，无信息价采取市场价；人工费调整按招标控制价编制当期四川省建设工程造价管理总站颁布相关文件执行）。

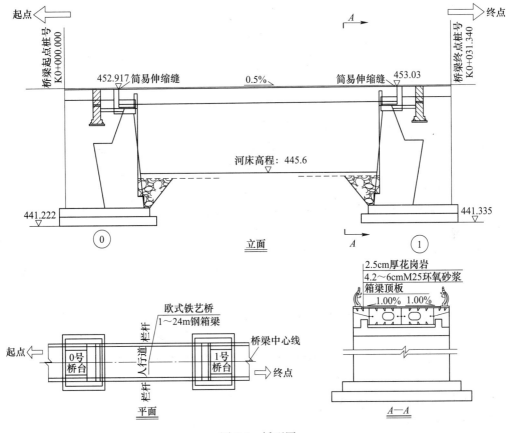

图 5-8 桥型图

表 5-9 分部分项工程量清单（节选）

项目编码	项目名称	项目特征	计量单位	工程量
040303002001	混凝土基础 C25	1. 混凝土种类：商品混凝土； 2. 混凝土强度等级：C25	m³	620. 69
040303005001	混凝土台身 C25	1. 混凝土种类：商品混凝土； 2. 混凝土强度等级：C25	m³	449. 80

项目编码	项目名称	项目特征	计量单位	工程量
040303004001	混凝土台帽 C30	1. 混凝土种类：商品混凝土； 2. 混凝土强度等级：C30	m³	90
040901001001	现浇构件钢筋 HRB400E，直径大于 $\phi16$	钢筋种类、规格：HRB400E 直径大于 $\phi16$	t	3.220
040307001001	钢箱梁	1. 部位：上部结构主桥； 2. 材质：Q345-C 成品人行箱型钢架桥（包含加工、焊接、探伤油漆等）； 3. 其他要求：满足设计及规范要求	t	53.065
040309007001	板式橡胶伸缩缝	1. 板式橡胶伸缩缝； 2. 其他：满足设计及规范要求	m	8.8
040309004001	板式橡胶支座	1. 材质：板式橡胶支座； 2. 规格、型号：GJZ 250mm × 250mm × 41mm； 3. 其他：满足设计及规范要求	个	4

解：（1）混凝土基础 C25。依据《计价定额》确定综合单价，具体如下。

1）定额工程量=清单工程量=620.69m³。

2）定额选择：依据项目特征选择定额 DC0004 基础（C20）商品混凝土，基价为 411.629 元/m³。其中，人工费 42.054 元/m³，材料费 342.794 元/m³，机械费为 0.246 元/m³，综合费 26.53 元/m³。

① 人工费调整。按四川省建设工程造价管理总站发布的文件规定，当期的人工费调整系数为 10.55%。

调整后人工费=42.054×（1+10.55%）=46.49（元/m³）。

② 材料费调整。由定额 DC0004 可知，基础使用的材料有商品混凝土 C20、水及其他材料费。

商品混凝土材料价调整，商品混凝土定额消耗量为 1.005m³/m³，依据清单项目特征，实际使用材料为 C25 商品混凝土，C25 商品混凝土当期不含税信息价为 569.71 元/m³。调价后 C25 商品混凝土实际费用=1.005×569.71=572.55855（元/m³）。

水材料价调整，水定额消耗量为 0.1659m³/m³，水当期不含税信息价为 3.69 元/m³。调价后水实际费用=0.1659×3.69=0.6122（元/m³）。

其他材料费不需调整，为 0.629 元/m³。

材料费合计=572.55855+0.6122+0.629=573.79975（元/m³）。

③ 机械费及综合费按规定编制招标控制价时不调整。

3）调整后混凝土基础 C25 定额单价=46.49+573.79975+0.246+26.53=647.06575（元/m³）。

4）混凝土基础 C25 综合单价=（647.06575×620.69）÷620.69=647.07（元/m³）。将混凝土基础 C25 综合单价填入招标工程量清单并计算合价，得混凝土基础 C25 项目计价表，见表 5-10。

其中，定额人工费＝42.054×620.69＝26102.50（元）。

表5-10 分部分项清单计价表

序号	项目编码	项目名称	项目特征描述	计量单位	工程量	综合单价	合价	定额人工费	暂估价
							金额/元		
								其中	
1	040303002001	混凝土基础C25	1. 混凝土种类：商品混凝土； 2. 混凝土强度等级：C25	m³	620.69	647.07	401627.24	26102.50	

（2）混凝土台身C25。依据《计价定额》确定综合单价，具体如下。

1）定额工程量＝清单工程量＝449.80m³。

2）定额选择：依据项目特征选择定额DC0016重力式桥台商品混凝土C25，基价为418.561元/m³。其中，人工费40.332元/m³，材料费352.278元/m³，机械费为0.4元/m³，综合费25.551元/m³。

① 人工费调整。按四川省建设工程造价管理总站发布的文件规定，当期的人工费调整系数为10.55%。

调整后人工费＝40.332×（1+10.55%）＝44.587（元/m³）。

② 材料费调整。由定额DC0024可知，桥台使用的材料有商品混凝土C25、水及其他材料费。

商品混凝土材料价调整，商品混凝土定额消耗量为1.005m³/m³，C25商品混凝土当期不含税信息价为569.71元/m³。调价后C25商品混凝土实际费用＝1.005×569.71＝572.5586（元/m³）。

水材料价调整，水定额消耗量为0.1171m³/m³，水当期不含税信息价为3.69元/m³。调价后水实际费用BF＝0.1171×3.69＝0.432（元/m³）。

其他材料费不需调整，为0.2元/m³。

材料费合计＝572.5586+0.432+0.2＝573.1906（元/m³）。

③ 机械费及综合费按规定编制招标控制价时不调整。

3）调整后商品混凝土台身C25定额单价＝44.587+573.1906+0.4+25.551＝643.7286（元/m³）。

4）混凝土台身C25清单综合单价＝（643.7286×449.80）÷449.80＝643.7286（元/m³）。

将混凝土台身C25综合单价填入招标工程量清单并计算合价，得混凝土台身C25项目计价表，见表5-11。其中，定额人工费＝40.332×449.80＝18141.33（元）；定额机械费＝0.4×449.8＝179.92（元）。

（3）混凝土台帽C30。依据《计价定额》确定综合单价，具体如下。

1）定额工程量＝清单工程量＝90m³。

2）定额选择：依据项目特征选择定额DC0012台帽商品混凝土C30，基价为444.279

表 5-11　分部分项清单计价表

序号	项目编码	项目名称	项目特征描述	计量单位	工程量	金额/元				
						综合单价	合价	其中		
								定额人工费	定额机械费	暂估价
1	040303005001	混凝土台身 C25	1. 混凝土种类：商品混凝土； 2. 混凝土强度等级：C25	m³	449.80	643.73	289549.12	18141.33	179.92	

元/m³。其中，人工费 43.176 元/m³，材料费 373.889 元/m³，机械费为 0.08 元/m³，综合费 27.134 元/m³。

① 人工费调整。按四川省建设工程造价管理总站发布的文件规定，当期的人工费调整系数为 10.55%。

调整后人工费 = 43.176×(1+10.55%) = 47.731068(元/m³)。

② 材料费调整。由定额 DC0012 可知，台帽使用的材料有商品混凝土 C30、水及其他材料费。

商品混凝土材料价调整，商品混凝土定额消耗量为 1.005m³/m³，C30 商品混凝土当期不含税信息价为 579.94 元/m³。调价后 C30 商品混凝土实际费用 = 1.005×579.94 = 582.840(元/m³)。

水材料价调整，水定额消耗量为 0.3665m³/m³，水当期不含税信息价为 3.69 元/m³。调价后水实际费用 = 0.3665×3.69 = 1.352385(元/m³)。

其他材料费不需调整，为 1.013 元/m³。

材料费合计 = 582.840+1.352385+1.013 = 585.205(元/m³)。

③ 机械费及综合费按规定编制招标控制价时不调整。

3) 调整后混凝土台帽 C30 定额单价 = 47.731+585.205+0.08+27.134 = 660.15(元/m³)。

4) 混凝土台帽 C30 清单综合单价 = (660.15×90)÷90 = 660.15(元/m³)。

将混凝土台帽 C30 综合单价填入招标工程量清单并计算合价，得混凝土台帽 C30 项目计价表，见表 5-12。其中，定额人工费 = 43.176×90 = 3885.84(元)。

（4）现浇构件钢筋 HRB400E，直径大于 φ16。依据《计价定额》确定综合单价，具体如下。

1) 定额工程量 = 清单工程量 = 3.220t。

2) 定额选择：依据项目特征选择定额 DJ0006 现浇构件钢筋高强钢筋（屈服强度不小于 400）直径大于 φ16。

3) 基价 5462.67 元/t。其中，人工费 631.14 元/t，材料费 4259.87 元/t，机械费为 216.98 元/t，综合费 354.68 元/t。

① 人工费调整。按四川省建设工程造价管理总站发布的文件规定，当期的人工费调整系数为 10.55%。

表 5-12 分部分项清单计价表

序号	项目编码	项目名称	项目特征描述	计量单位	工程量	金额/元			
						综合单价	合价	其中	
								定额人工费	暂估价
1	040303004001	混凝土台帽 C30	1. 混凝土种类：商品混凝土； 2. 混凝土强度等级：C30	m³	90	660.15	59413.50	3885.84	

调整后人工费 = 631.14×(1+10.55%) = 697.725(元/t)。

② 材料费调整。由定额 DJ0006 可知，使用的材料有：高强钢筋直径大于 ϕ16、焊条（高强钢筋用）、镀锌铁丝、水及其他材料费。

现浇构件高强钢筋材料价调整，高强钢筋直径大于 ϕ16 定额消耗量为 1.05t/t，HRB400E，直径大于 ϕ16 当期不含税信息价为 4684.12 元/t。调价后高强钢筋直径大于 ϕ16 实际费用 = 1.05×4684.12 = 4918.326(元/t)。

焊条（高强钢筋用）材料价调整，焊条（高强钢筋用）定额消耗量为 8.64kg/t，焊条（高强钢筋用）经询价当期不含税市场价为 6.5 元/kg。调价后焊条（高强钢筋用）实际费用 = 8.64×6.5 = 56.16(元/t)。

镀锌铁丝材料价调整，镀锌铁丝定额消耗量为 2.98 元/kg，当期不含税信息价为 4 元/kg，实际费用 = 2.98×4 = 11.92(元/kg)。

水材料价调整，水定额消耗量为 0.12 元/m³，水当期不含税信息价为 3.69 元/m³，调整后实际费用 = 0.12×3.69 = 0.4428(元/m³)。

其他材料费不需调整，为 1 元/t。

材料费合计 = 4918.326+56.16+11.92+0.4428+1 = 4987.8488(元/t)。

③ 机械费及综合费按规定编制招标控制价时不调整。

4）调整后现浇构件钢筋高强钢筋（屈服强度不小于 400）直径大于 ϕ16 定额单价 = 697.725+4987.8488+216.98+354.68 = 6257.23338(元/t)。

5）现浇构件钢筋 HRB400E，直径大于 ϕ16 清单综合单价 = (6257.23338×3.220)÷3.220 = 6257.23338(元/t)。

将现浇构件钢筋 HRB400E，直径大于 ϕ16 综合单价填入招标工程量清单并计算合价，得现浇构件钢筋 HRB400E，直径大于 ϕ16 项目计价表，见表 5-13。其中，定额人工费 = 631.14×3.220 = 2032.27(元)。

（5）钢箱梁。依据《计价定额》确定综合单价，具体如下。

1）定额工程量 = 清单工程量 = 53.065t。

2）定额选择：依据项目特征选择《计价定额》MB0028 安装人行箱形钢架桥、MB0029 吊装人行箱形钢架桥。

3）MB0028 基价为 8305.9 元/t。其中，人工费 910.92 元/t，材料费 6794.78 元/t，机械费为 265.42 元/t，综合费 334.78 元/t。

表 5-13　分部分项清单计价表

序号	项目编码	项目名称	项目特征描述	计量单位	工程量	金额/元			
						综合单价	合价	其中	
								定额人工费	暂估价
1	040901001001	现浇构件钢筋HRB400E,直径大于$\phi16$	钢筋种类、规格:HRB-400E 直径大于$\phi16$	t	3.220	6257.23	20145.07	2032.27	

① 人工费调整。按四川省建设工程造价管理总站发布的文件规定,当期的人工费调整系数为 10.55%。调整后人工费 = 910.92×(1+10.55%) = 1007.022(元/t)。

② 材料费调整。由定额 MB0028 可知,使用的材料有成品人行箱形钢架桥、二等锯材、焊条、螺栓(综合)、加工铁件及其他材料费。

成品人行箱形钢架桥材料价调整,成品人行箱形钢架桥定额消耗量为 1t/t,经市场询价成品人行箱形钢架桥(包含加工、焊接、探伤及油漆等)当期不含税市场价为 8500 元/t。调价后成品人行箱形钢架桥实际费用 = 1×8500 = 8500(元/t)。

二等锯材材料价调整,二等锯材定额消耗量为 0.06m³/t,二等锯材当期不含税信息价为 1200 元/m³。调价后二等锯材实际费用 = 0.06×1200 = 72(元/t)。

螺栓(综合)材料价调整,螺栓(综合)定额消耗量为 2.12kg/t,螺栓(综合)当期不含税信息价 7 元/kg。调价后螺栓(综合)实际费用 = 2.12×7 = 14.84(元/t)。

焊条料价调整,焊条定额消耗量为 18.26kg/t,焊条经询价不含税信息价为 6.5 元/kg。调价后焊条实际费用 = 18.26×6.5 = 118.69(元/t)。电焊丝定额消耗量为 15.2kg/t,定额单价为 4.15 元/kg,电焊丝实际费用 = 15.2×4.15 = 67.08(元/t)。

加工铁件材料价调整,加工铁件定额消耗量为 6.85kg/t,加工铁件当期不含税信息价为 4.8 元/kg。调价后加工铁件实际费用 = 6.85×4.8 = 32.88(元/t)。

其他材料费不需调整,为 116.69 元/t。

材料费合计 = 8500+72+14.84+118.69+67.08+32.88+116.69 = 8922.09(元/t)。

③ 机械用柴油价格调整。查定额该子目柴油消耗量为 11.298L/t,柴油定额单价为 6 元/L,题目已知柴油不含税价格为 6.85 元/L。调整后机械费 = 265.42+(6.85-6)×11.298 = 275.023(元/t)。

④ 综合费按规定编制招标控制价时不调整。

4)调整后安装人行箱形钢架桥定额单价 = 1007.022+8922.09+275.023+334.78 = 10538.915(元/t)。

5)MB0029 基价为 337.83 元/t。其中,人工费 21.12 元/t,机械费为 276.27 元/t,综合费 28.07 元/t。

① 人工费调整。按四川省建设工程造价管理总站发布的文件规定,当期的人工费调整系数为 10.55%。

调整后人工费 = 21.12×(1+10.55%) = 23.348(元/t)。

② 机械用柴油价格调整。查定额该子目柴油消耗量为 6.607L/t，柴油定额单价为 6 元/L，题目已知柴油不含税价格为 6.85 元/L。调整后机械费 = 276.27+(6.85−6)×6.607 = 281.886(元/t)。

③ 综合费按规定编制招标控制价时不调整。

6) 调整后吊装人行箱形钢架桥定额单价 = 23.348+281.886+28.07 = 333.304(元/t)。

7) 钢箱梁清单综合单价 = (10538.915×53.065 + 333.304×53.065) ÷ 53.065 = 10872.22(元/t)。

将钢箱梁综合单价填入招标工程量清单并计算合价，得钢箱梁项目计价表，见表 5-14。其中，定额人工费 = (1007.022+23.348)×53.065 = 54676.58(元)。

表 5-14　分部分项清单计价表

序号	项目编码	项目名称	项目特征描述	计量单位	工程量	金额/元			
						综合单价	合价	其中	
								定额人工费	暂估价
1	040307001001	钢箱梁	1. 部位：上部结构主桥； 2. 材质：Q345-C 成品人行箱型钢架桥（包含加工、焊接、探伤油漆等）； 3. 其他要求：满足设计及规范要求	t	53.065	10872.22	576934.32	54676.58	

(6) 板式橡胶伸缩缝。依据《计价定额》确定综合单价，具体如下。

1) 定额工程量 = 清单工程量 = 8.8m。

2) 定额选择：依据项目特征选择《四川省建设工程工程量清单计价定额——市政工程》DC0433 板式橡胶伸缩缝，基价为 187.564 元/m。其中，人工费 36.66 元/m，材料费 121.467 元/m，机械费为 9.946 元/m，综合费 19.491 元/m。

① 人工费调整。按四川省建设工程造价管理总站发布的文件规定，当期的人工费调整系数为 10.55%。

调整后人工费 = 36.66×(1+10.55%) = 40.528(元/m)。

② 材料费调整。由定额 DC0433 可知，板式橡胶伸缩缝使用的材料有板式橡胶伸缩缝 80 型和其他材料费。

板式橡胶伸缩缝材料价调整，板式橡胶伸缩缝定额消耗量为 1m/m，实际使用材料为板式橡胶伸缩缝 40 型当期不含税信息价为 135 元/m。调价后板式橡胶伸缩缝实际费用 = 1×135 = 135(元/m)。

其他材料费不需调整，为 3.667 元/m。

材料费合计 = 135+3.667 = 138.667 （元/m³）。

③机械费及综合费按规定编制招标控制价时不调整。

3) 调整后板式橡胶伸缩缝定额单价 = 40.528+138.667+9.946+19.491 = 208.632(元/m)。

4）板式橡胶伸缩缝清单综合单价 = （208.632×8.8）÷8.8 = 208.63（元/m）。

将板式橡胶伸缩缝综合单价填入招标工程量清单并计算合价，得板式橡胶伸缩缝项目计价表，见表5-15。其中，定额人工费 = 36.66×8.8 = 322.61（元）。

表5-15 分部分项清单计价表

序号	项目编码	项目名称	项目特征描述	计量单位	工程量	金额/元			
						综合单价	合价	其中	
								定额人工费	暂估价
1	040309007001	板式橡胶伸缩缝	1. 板式橡胶伸缩缝； 2. 其他：满足设计及规范要求	m	8.80	208.63	1835.94	322.61	

（7）板式橡胶支座。依据《计价定额》确定综合单价，具体如下。

1）定额工程量 = 25×25×4.1×4 = 10250（cm³），清单工程量为4个。

2）定额选择：依据项目特征选择20定额DC0409板式橡胶支座，基价为0.0438元/cm³。其中，人工费0.0192元/cm³，材料费0.0166元/cm³，综合费0.008元/cm³。

① 人工费调整。按四川省建设工程造价管理总站发布的文件规定，当期的人工费调整系数为10.55%。

调整后人工费 = 0.0192×（1+10.55%）= 0.0212（元/cm³）。

② 材料费调整。由定额DC0409可知，板式橡胶支座使用的材料有板式橡胶支座。

板式橡胶支座材料价调整，板式橡胶伸缩缝定额消耗量为1cm³/cm³，板式橡胶支座当期不含税信息价为0.03元/cm³。调价后板式橡胶伸缩缝实际费用 = 1×0.03 = 0.03（元/cm³）。

材料费合计0.03元/cm³。

3）机械费及综合费按规定编制招标控制价时不调整。

4）调整后板式橡胶支座定额单价 = 0.0212+0.03+0.008 = 0.0592（元/cm³）。

5）板式橡胶支座清单综合单价 = （0.0592×10250）÷4 = 151.70（元/个）。

将板式橡胶伸缩缝综合单价填入招标工程量清单并计算合价，得板式橡胶伸缩缝项目计价表，见表5-16。其中，定额人工费 = 0.0192×10250 = 196.80（元）。

表5-16 分部分项清单计价表

序号	项目编码	项目名称	项目特征描述	计量单位	工程量	金额/元			
						综合单价	合价	其中	
								定额人工费	暂估价
1	040309004001	板式橡胶支座	1. 材质：板式橡胶支座； 2. 规格、型号：GJZ 250mm×250mm×41mm； 3. 其他：满足设计及规范要求	个	4	151.70	606.80	196.80	

——————— 本 章 小 结 ———————

（1）本章主要介绍市政桥涵工程基础知识、桥涵工程工程量清单项目设置与工程量计算规则，以及桥涵工程清单计价。

（2）市政桥涵工程基础知识包括桥涵结构基本组成，以及桥涵工程类型的介绍。

（3）桥涵工程工程量清单项目设置与工程量计算规则包括桥涵工程清单项目设置，以及桥涵工程工程量计算规则。

（4）桥涵工程清单计价包括定额工程量计算规则，以及桥涵工程定额说明。

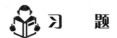 习　　题

（1）简述桥梁结构的基本组成。

（2）桥梁的分类有哪些？

（3）常见的桥梁工程工程量清单项目有哪些？

（4）简述桥涵工程工程量清单编制的要点。

6 市政管网工程计量与计价

6.1 市政管网工程基础知识

市政管网工程包含城市排水管道、给水管道、燃气管道、电力管道等管网工程、管网附属构筑物及管网设备安装工程等，城镇自来水厂和污水处理厂的各种构筑物和专业设备的安装也属于市政管网工程的一部分。

6.1.1 市政管网工程分类及组成

市政管网工程主要分为市政给水管网工程、市政排水管网工程、市政燃气管网工程、市政供热管网工程、市政电力管网工程等。

6.1.1.1 给水管网

给水工程由给水水源和取水建（构）筑物、输水管道、一级泵站、净水设施、清水池、二级泵站、配水管网等部分组成，分别起收集和输送原水，改善原水水质和输送合格生活用水的作用。

A 管道基础

a 天然基础

当管底地基土层承载力较高，地下水位较低时，可采用天然地基作为管道基础。

b 砂基础

当管底为岩石、碎石或多石地基时，对金属管道应铺垫不小于100mm厚的中砂或粗砂，对非金属管道应铺垫不小于150mm厚的中砂或粗砂，构成砂基础，再在上面铺设管道。

c 混凝土基础

当管底地基土质松软，承载力低或铺设大管径的钢筋混凝土管道时，应采用混凝土基础。根据地基承载力的实际情况，可采用强度等级不低于C10的混凝土带形基础，也可采用混凝土枕基。混凝土带形基础是沿管道全长做成的基础，而混凝土枕基是只在管道接口处用混凝土块垫起，其他地方用中砂或粗砂填实。

B 管道覆土

给水管道埋设在地面以下，其管顶以上应有一定厚度的覆土，以保证管道内的水在冬季不会因冰冻而结冰，在正常使用时管道不会因各种地面荷载作用而损坏。管道的覆土厚度是指管顶到地面的垂直距离。

C 给水管道、管件、阀门及附件

a 给水管道、管件

给水管管道连接件称为管件（又称元件或零件）。管件的种类非常多，例如：在管道分支处用的三通或四通；转弯处用的各种角度的弯头、弯管；变径处用的变径管；改变接口形式采用的各种短管等。

b 阀门

阀门在管网中起分段和分区的隔离检修作用，并可调节管网中的流量。常用的阀门有闸阀和蝶阀两种。

c 止回阀

止回阀可限制管道中的水流流向，从而达到水流只朝一个方向流动的目的。

d 排气阀

排气阀安装在管线的隆起部位，在管线投产或检修后首次用水时排出管内空气，常规情况下用以排除从水中释出的气体，以免空气积聚在管内影响正常使用。另外，排气阀可在管线出现负压时向管线中进气，从而减轻水锤对管路的危害。

e 泄水阀

泄水阀可在管道检修时用来排除管中的沉淀物并在检修时放空管内存水。通常在管线下凹部位安装排水管，在排水管靠近水管的部位安装泄水阀。

D 给水管网附属构筑物

a 阀门井

给水管网中的各种附件通常安装在阀门井中，使其有良好的操作和养护环境，阀门井一般用砖、石砌筑，也可用钢筋混凝土现场浇筑。

b 泄水阀井

将泄水阀放置在阀门井中构成泄水阀井，当由于地形因素排水管不能直接将水排走时，还应建造一个与阀门井相连的湿井。

c 支墩

支墩通常情况下用混凝土浇筑，也可用砖、石砌筑，一般有水平弯管支墩、垂直向下弯管支墩、垂直向上弯管支墩等。

d 管道穿越障碍物

市政给水管网在穿过铁路、公路、河谷时，应采取措施保证管道安全可靠地穿越障碍物。管道穿越铁路或公路时，其穿越地点、穿越方式和施工方法，应符合相应的技术规范的要求，在经过铁路或交通部门同意后方可实施。架空管维护管理方便，防腐性好，但易遭破坏，防冻性差，在寒冷地区必须采取有效的防冻措施。河谷较浅，冲刷较轻，河道航运繁忙，不适宜设置架空管；穿越铁路和重要公路时，须采用倒虹管。

E 管道防腐

金属管道常伴随着腐蚀等变质现象，表现方式有生锈、坑蚀、结瘤、开裂、脆化等，故金属管道应做好防腐防锈措施。

6.1.1.2 排水管网

排水管网工程主要是由管道系统（排水管网）和污水处理系统（污水处理厂）组成。

A 管道基础

排水管道基础一般可分为地基、基础和管座三个部分，如图6-1所示。

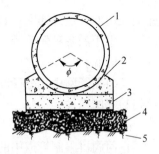

地基是指槽底原土，不能回填，以免造成管道沉陷。

基础是指把管道的荷载传递给地基的结构。从材料上分有土基、砂基、煤屑基础、混凝土基础和钢筋混凝土基础等。前三种仅适用于小口径管道。

管座是起固定管身和分布管道荷载于基础的作用。

B　基础分类

a　砂土基础

砂土基础又称素土基础，它包括弧形素土基础和砂垫层基础，如图 6-2 所示。

图 6-1　排水管道基础

1—管道；2—管座；3—基础；
4—垫层；5—地基

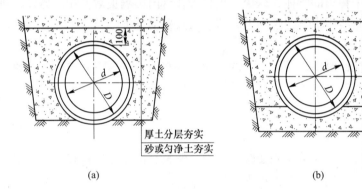

图 6-2　砂土基础

（a）弧形素土基础；（b）砂垫层基础

b　混凝土枕基

混凝土枕基是在管道接口处设置的管道局部基础，如图 6-3 所示。通常在管道接口下用 C10 混凝土做成枕状垫块，垫块常采用 90°或 135°管座。这种基础适用于干燥土壤中的雨水管道及重要等级不高的污水支管，常与砂土基础联合使用。

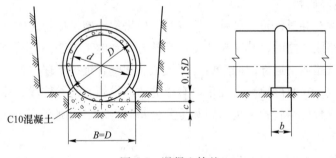

图 6-3　混凝土枕基

c　混凝土带形基础

混凝土带形基础沿给水管道全线铺设，分为 90°、135°、180° 几种管座形式，如图 6-4 所示。混凝土带形基础适用于各种潮湿土壤及地基软硬不均匀等土质，无地下水时常在槽底原土上直接浇筑混凝土，有地下水时应先在槽底铺设 100~150mm 厚的卵石或碎石垫层，再浇筑混凝土，根据地基承载力情况，采用强度等级不低于 C10 的混凝土。

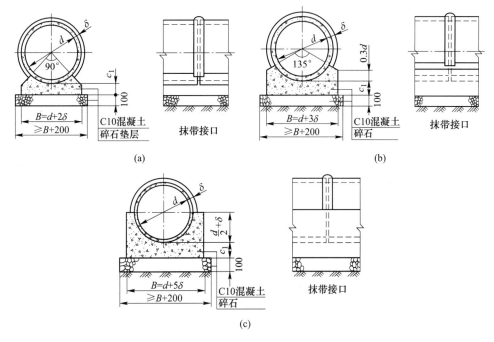

图 6-4　混凝土带形基础

（a）Ⅰ型基础（90°）；（b）Ⅱ型基础（135°）；（c）Ⅲ型基础（180°）

C　管道覆土

排水管道管顶以上应有一定厚度的覆土，以保证管道内的水在冬季不会因冰冻而结冰造成堵塞，且正常使用时管道不会因各种地面荷载作用而损坏。

D　排水管网附属构筑物构造

a　检查井

在排水管网系统上，为便于管网的衔接和对管网进行定期检查和清通，必须设置检查井。检查井通常设置在排水管道相交、转弯、变换口径或坡度等位置。检查井之间的直通管段长度一般不超过 50m，以便清通管道。检查井由井底（包括基础）、井身和井盖（包括盖座）三部分组成，如图 6-5 所示。

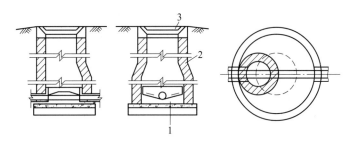

图 6-5　检查井

1—井底；2—井身；3—井盖

b　雨水口

雨水口常设置在道路交叉口、路侧边沟规定范围内及设有道路缘石的低洼处，在直线道路上的间距一般为 25~50m，在低洼和易积水的地段，要适当缩小雨水口的间距。雨水口由进水篦和受水井构成。

c　倒虹管

排水管道遇到河流、洼地、或地下构筑物等障碍物时，不能按原有的坡度埋设，而是按下凹的折线方式从障碍物下通过，这种管道称为倒虹管。

E　管道闭水试验

a　试验规定

（1）污水管道、雨污合流管道、倒虹吸管及设计要求闭水的其他排水管道，回填前应采用闭水法进行严密性试验。

（2）闭水试验管段应符合以下规定：

1）管道未回填，且沟槽内无积水；

2）全部预留孔（除预留进出水管外）应封堵坚固，不得渗水；

3）管道两端堵板承载力经核算应大于试验水压力的合力。

（3）闭水试验应符合以下规定：

1）试验段上游设计水头不超过管顶内壁时，试验水头应以试验段上游管顶内壁加2m计；

2）当上游设计水头超过管顶内壁时，试验水头应以上游设计水头加2m计；

3）当计算出的试验水头小于10m，但已超过上游检查井井口时，试验水头应以上游检查井井口高度为准。

b　试验方法

在试验管段内充满水，并在试验水头作用下进行泡管，泡管时间不小于24h；然后再加水达到试验水头，观察30min的漏水量，观察期间应不断向试验管段补水，以保持试验水头恒定，该补水量即为漏水量；并将该漏水量转化为每千米管道每昼夜的渗水量，如果该渗水量小于规定的允许渗水量，则表明该管道严密性符合要求。

在试验管段内充满水，并在试验水头作用下进行泡管，加水达到试验水头，观察30min的漏水量，观察期间应不断向试验管段补水，并将该漏水量转化为每千米管道每昼夜的渗水量，如果该渗水量小于规定的允许渗水量，则表明该管道严密性符合要求。

管道闭水试验装置如图6-6所示。

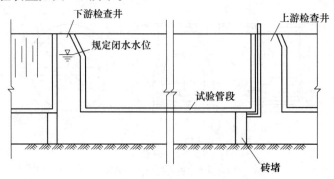

图6-6　闭水试验装置示意图

6.1.1.3 燃气管网工程

燃气管网工程由输气干管、中压输配干管、低压输配干管、配气支管和用气管道等管道工程和燃气附属构筑物工程组成。

A 燃气系统的分类

城市燃气管网参考《城镇燃气设计规范》（GB 50028—2020）分级方法，根据压力分级的不同共分为低压、中压 B、中压 A、次高压 B、次高压 A、高压 B 和高压 A 七级，具体压力范围详见表 6-1。

表 6-1 城镇燃气管网压力分级及压力范围

名　　称		压力 P/MPa
高压燃气管网	A	$2.5 < p \leqslant 4.0$
	B	$1.6 < p \leqslant 2.5$
次高压燃气管网	A	$0.8 < p \leqslant 1.6$
	B	$0.4 < p \leqslant 0.8$
中压燃气管网	A	$0.2 < p \leqslant 0.4$
	B	$0.01 < p \leqslant 0.2$
低压燃气管网		$p < 0.01$

B 附属设备

为保证燃气管网安全运行，且便于检修，在管网的适当地点要设置必要的附属设备，常用的附属设备主要有以下几种。

（1）阀门。燃气管道中通常用到闸阀、旋塞、球阀和蝶阀几种类型的闸阀。闸阀、球阀和蝶阀在给水管道工程构造中已述及，在此不再介绍。旋塞是一种动作灵活的阀门，阀杆转 90°即可达到启闭的要求。

（2）补偿器。补偿器是消除管道因胀缩所产生的应力的设备，常用于架空管道和需要进行蒸汽吹扫的管道。在埋地燃气管道上，多用钢制波形补偿器。在通过山区、坑道和地震多发区的中、低压燃气管道上，可使用橡胶—卡普隆补偿器，它是带法兰的螺旋皱纹软管，软管是用卡普隆布作夹层的胶管，外层用粗卡普隆绳加强。

（3）排水器。排水器可排除燃气管道中的冷凝水和石油伴生气管道中的轻质油，在管道铺设时应有一定的坡度，在低处设排水器，将汇集的油或水排出，其间距根据油量或水量确定。

6.1.2 市政管网工程管道材质

6.1.2.1 常用给水管道

常用给水管道分为金属管（如铸铁管、钢管）和非金属管（如预应力钢筋混凝土管、玻璃钢管、塑料管等）。

A 铸铁管

铸铁管按材质分为灰铸铁管和球墨铸铁管。灰铸铁管即连续铸铁管，耐腐蚀性强，但抗冲击和抗震能力差，接口易漏水往往会产生爆管和水管断裂事故，现已逐渐被球墨铸铁管取代。球墨铸铁管强度接近钢管，重量较轻，抗腐蚀性能远高于钢管。

B　钢管

钢管自重轻、单管长度大、接口方便，但钢管的承受外荷载的稳定性差，耐腐蚀性能差，使用前应进行管壁内外的防腐处理。

C　钢筋混凝土压力管

钢筋混凝土压力管自重较大，抗压力和抵抗外力的能力强，耐腐蚀性强，常见形式有预应力钢筋混凝土管、自应力钢筋混凝土管、钢筒预应力混凝土管，常用接口形式为胶圈接口。

D　玻璃钢管

玻璃钢管耐腐蚀、水密性能好，施工、运输方便，寿命长，维护费用低，一般用于强腐蚀性土壤处。

E　塑料管

塑料管具有内壁光滑不结垢，耐腐蚀，重量轻，易加工和接口方便等特点。目前国内用作给水管道的塑料管有硬聚氯乙烯管（UPVC 管）、聚乙烯管（PE 管）、聚丙烯管（PP管）。

6.1.2.2　常用排水管道

常用排水管道分为金属管（铸铁管、钢管）和非金属管（预应力钢筋混凝土管、玻璃钢管、塑料管等）。

A　混凝土管和钢筋混凝土管

混凝土管和钢筋混凝土管适用于排除雨水和污水，分为混凝土管、轻型钢筋混凝土管和重型钢筋混凝土管三种，管口有承插式、平口式和企口式三种，如图 6-7 所示。

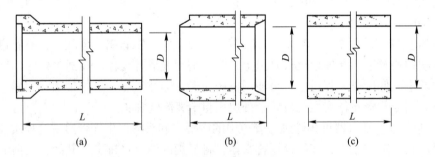

图 6-7　混凝土管和钢筋混凝土管
（a）承插式；（b）企口式；（c）平口式

B　金属管

金属管强度高，抗渗性能好，管节长，接口少，施工运输方便，但价格昂贵，抗腐蚀性差。因此，在市政排水管道工程中很少用。

C　排水渠道

排水渠道一般有砖砌、石砌、钢筋混凝土渠道三种类型，如图 6-8 所示。砖砌渠道应用普遍，在石料丰富的地区，可采用毛石或料石砌筑，也可用预制混凝土砌块砌筑，对大型排水渠道，常采用钢筋混凝土。排水渠道的构造包括渠顶、渠底和渠身。

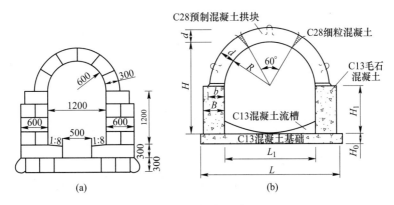

图 6-8　排水渠道

（a）石砌渠道；（b）预制混凝土块拱形渠道

D　新型管材

玻璃纤维筋混凝土管和热固性树脂管、离心混凝土管等新型管材，性能均优于普通的混凝土管和钢筋混凝土管。新型管材重量轻，搬运、安装方便。双壁波纹管采用橡胶圈承插式连接，施工质量易保证，由于是柔性接口，可抗不均匀沉降，一般情况下不需做混凝土基础，施工速度快。目前在大口径排水管道中，已开始应用玻璃钢夹砂管。

6.1.2.3　常用燃气管道

用于输送燃气的管材种类很多，应根据燃气的性质、系统压力和施工地点要求来选用，并要满足机械强度、抗腐蚀、抗震及安全性等要求。

A　钢管

常用的钢管主要有普通无缝钢管和焊接钢管。普通无缝钢管按制造方法又分为热轧和冷轧无缝钢管。钢管强度高，但易腐蚀、造价高。

B　铸铁管

用于燃气输配管道的铸铁管，一般为铸模浇铸或离心浇筑铸铁管，铸铁管的抗拉强度、抗弯曲和抗冲击能力不如钢管，但其抗腐蚀性比钢管好，在中、低压燃气管道中被广泛采用。

C　塑料管

塑料管具有耐腐蚀、质轻、使用寿命长、施工简便、抗拉强度高等优点，近年来在燃气输配系统中得到了广泛应用，目前应用最多的是中密度聚乙烯和尼龙-11塑料管。塑料管造价低、但强度低，暴露在日光下易老化。

6.1.3　市政管网常用施工方法

管网工程施工常采用开槽施工和非开槽施工两种管线施工方法。其中，开槽施工由沟槽开挖、沟槽支撑、排管、下管、管道接口连接、管道安装质量检查、沟槽回填八个施工工序组成。非开槽施工适用于条件复杂不适宜开槽施工等情况。

6.1.3.1　市政给排水管道开槽施工

A　沟槽开挖

合理选择沟槽开挖方式，不仅能为市政管道施工创造良好的作业条件，在保证工程质量和施工安全的前提下，还可减少土方开挖量，降低工程造价，加快施工速度。沟槽开挖具体内容详见 3.1.3 节中沟槽开挖相关内容。

B　沟槽支撑

支撑是由木材或钢材做成的一种防止沟槽土壁坍塌的临时性挡土结构。支撑加设与否应根据土质、地下水情况、槽深、槽宽、开挖方法、排水方法、地面荷载等因素确定。一般情况下当沟槽土质较差、深度较大而又挖成直槽时，高地下水位或砂性土质采用明沟排水措施时，应设支撑。沟槽支撑具体内容详见 3.1.3 节中沟槽支撑相关内容。

C　排管

根据施工现场条件，将管道在沟槽堆土的另一侧沿铺设方向排成长串称为排管。排管时，要求管道与沟槽边缘的净距不得小于 0.5m。当施工现场条件不允许排管时，亦可以集中堆放。

D　下管

按设计要求经过排管，核对管节、管件位置无误方可下管。下管方法分为人工下管和机械下管两类。宜沿槽分散下管，以减少在沟槽内的运输工作量。

a　人工下管法

人工下管适用于管径小、重量轻、沟槽浅、施工现场狭窄、不便于机械操作的地段。目前常用的人工下管方法有压绳下管法、吊链下管法、溜管法等方法。

b　机械下管法

机械下管适用于管径大、沟槽深、工程量大且便于机械操作的地段。机械下管速度快、施工安全，生产效率高，通常在施工现场条件允许的情况下，应尽量采用机械下管法。机械下管时，应根据管道重量选择起重机械，常采用轮胎式起重机、履带式起重机和汽车式起重机。

E　稳管

稳管是指将管道按设计的高程和平面位置稳定在地基或基础上。稳管通常包括对中和对高程两个环节。对中作业是使管道中心线与沟槽中心线在同一平面上重合，对高程作业是使管内底标高与设计管内底标高一致。

F　管道接口连接

a　给水管道接口

（1）给水铸铁管。给水铸铁管的接口形式有刚性接口、柔性接口和半柔半刚性接口三种。接口材料分为嵌缝填料和密封填料，嵌缝填料目前常采用油麻、石棉绳或橡胶圈等。密封填料采用石棉水泥、膨胀水泥、铅等，置于嵌缝填料外侧。

（2）球墨铸铁管。球墨铸铁管与普通铸铁管相比具有较高的抗拉强度和延伸率，均采用柔性接口，按接口形式分为推入式（简称 T 形）和机械式（简称 K 形）两类。

（3）给水硬聚氯乙烯管道。给水硬聚氯乙烯管道可以采用胶圈接口、黏接接口、法兰连接等形式，最常用的是胶圈接口和黏接连接。

（4）市政给水管道。市政给水管道中所使用的钢管主要采用焊接接口，小管径的钢管可采用螺纹连接，不埋地时可采用法兰连接。由于钢管的耐腐性差，使用前需进行防腐处理，现在已越来越多地被衬里钢管所代替。

（5）预应力钢筋混凝土管。预应力钢筋混凝土管是目前常用的给水管材，其耐腐蚀性优于金属管材，代替钢管和铸铁管使用，可降低工程造价。但预（自）应力钢筋混凝土管的自重大、运输及安装不便、承口椭圆度大，影响接口质量，一般在市政给水管道工程中很少采用，但在长距离输水工程中使用较多。承插式预应力钢筋混凝土管一般采用胶圈接口。预应力钢筋混凝土压力管采用胶圈接口时，一般不需做封口处理，但遇到对胶圈有腐蚀性的地下水或靠近树木处应进行封口处理，封口材料一般为水泥砂浆。

b 排水管道接口

市政排水管道经常采用混凝土管和钢筋混凝土管，其接口形式有刚性、柔性和半柔半刚性三种。刚性接口施工简单，造价低廉，应用广泛；但刚性接口抗震性差，不允许管道有轴向变形。柔性接口抗变形效果好，但施工复杂，造价较高。

（1）刚性接口。目前常用的刚性接口有水泥砂浆抹带接口和钢丝网水泥砂浆抹带接口两种，如图 6-9 和图 6-10 所示。

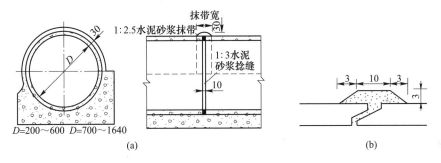

图 6-9 水泥砂浆抹带接口（单位：mm）
（a）弧形水泥砂浆抹带接口；（b）梯形水泥砂浆抹带接口

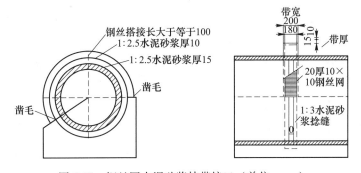

图 6-10 钢丝网水泥砂浆抹带接口（单位：mm）

（2）半柔半刚性接口。半柔半刚性接口通常采用预制套环石棉水泥接口，适用于地基不均匀沉陷不严重地段的污水管道或雨水管道的接口。

（3）柔性接口。通常采用的柔性接口有沥青麻布（玻璃布）接口、沥青砂浆接口、承插管沥青油膏接口等，适用于地基不均匀沉陷较严重地段的污水管道和雨水管道的接口。

G　管道安装质量检查

管道安装质量检查的内容包括外观检查、断面检查和严密性检查。外观检查是指对基础、管道、接口、阀门、配件、伸缩器及附属构筑物的外观质量进行检查；断面检查是指对管道的高程、中心线和坡度进行检查；管道试验是指对管道进行强度试验和严密性试验。通常情况下，压力管道需进行强度试验和严密性试验，无压管道只需进行严密性试验即可。

H　沟槽回填

市政管道施工完毕并经检验合格后，应及时进行土方回填。沟槽回填具体内容详见3.1.3节中沟槽回填相关内容。

6.1.3.2　管道非开槽暗敷施工

市政管道穿越铁路、公路、河流、建筑物等障碍物，或在城市干道上施工而又不能中断交通，以及现场条件复杂不适宜采用开槽法施工时，应采用不开槽法施工。与开槽施工相比，不开槽施工减少了施工占地面积和土方工程量，不必拆除地面上和浅埋于地下的障碍物，管道不必设置基础和管座，不影响地面交通和河道的正常通航；工程立体交叉时，不影响上部工程施工，施工不受季节影响且噪声小，有利于文明施工，降低了工程造价。因此，不开槽施工在市政管道工程施工中得到了广泛应用。

不开槽暗敷施工一般适用于非岩性土层。在岩石层、含水层施工，或遇有地下障碍物时，都需要采取相应的措施。因此，施工前应详细地勘察施工地段的水文地质条件和地下障碍物等情况，以便于操作和安全施工。市政管道的不开槽施工，最常用的是掘进顶管法，此外还有挤压施工、牵引施工等方法。施工前应根据管道的材料、尺寸、土层性质、管线长度、障碍物的性质和占地范围等因素，选择适宜的施工方法。

A　掘进顶管法

掘进顶管法的施工过程如图 6-11 所示。施工前先在管道两端开挖工作坑，再按照设计管线的位置和坡度，在起点工作坑内生法标、修筑基础、安装导轨，把管道安放在导轨上顶进。顶进前，在管前端开挖坑道，然后用千斤顶将管道顶入。一节顶完，再连接一节管道继续顶进，直到将管道顶入终点工作坑为止。掘进顶管法可分为人工取土掘进顶管和机械取土掘进顶管。

B　特种顶管施工技术

a　长距离顶管技术

顶管施工的一次顶进长度取决于顶力大小、管材强度、后背强度和顶进操作技术水平等因素。一般情况下，一次顶进长度不超过 60~100m。主要方法为中继间顶进、泥浆套顶进、覆蜡顶进、盾构顶管。

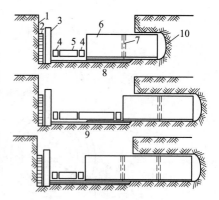

图 6-11　掘进顶管示意图

1—后座墙；2—后背；3—立铁；4—横铁；
5—千斤顶；6—管子；7—内胀圈；
8—基础；9—导轨；10—掘进工作面

b 挤压技术

（1）不出土挤压土层顶管。这种方法也称为直接贯入法，是用千斤顶将管道直接顶入土层内，管周围土被挤密而不需要外运。

（2）出土挤压土层顶管。该法是在管前端安装一个挤压切土工具管，顶进时土体在工具管渐缩段被压缩，然后被挤入卸土段并装入弧形运土小车，启动卷扬机将土运出管外。

c 管道牵引不开槽

（1）普通牵引法。该法是在管前端用牵引设备将管道逐节拉入土中的施工方法。

（2）牵引挤压法。该方法同普通牵引法一样，先在两工作坑间用水平钻机钻成通孔，孔径略大于穿过的钢丝绳直径，在孔内安放钢丝绳，通过钢丝绳将用牵引设备将管道逐节拉入土中的施工方法，入土过程中管道对土体有挤压作用。

（3）牵引顶进法。牵引顶进法是在前方工作坑内牵引导向的盾头，而在后方工作坑内顶入管道的施工方法。

C 其他非开槽铺管施工技术

其他非开槽铺管施工技术主要施工技术方法有中继间顶进、泥浆套顶进、覆蜡顶进、盾构顶管。

6.2 市政管网工程清单计量

6.2.1 市政管网工程工程量计算规则

市政管网工程与安装工程中工业管道工程的起算范围界定为：给水管道以厂区入口水表井为界；排水管道以厂区围墙外第一个污水井为界；热力和燃气管道以厂区入口第一个计量表（阀门）为界。市政管网工程与安装工程中对给排水、采暖、燃气工程的起算范围界定为：室外给排水、采暖、燃气管道以与市政管道碰头井为界；厂区、住宅小区的庭院喷灌及喷泉水设备安装按现行国家标准《通用安装工程工程量计算规范》（GB 50856—2013）中的相应项目执行。

《市政工程工程量计算规范》（GB 50857—2013）附录 E 将管网工程分为：管道铺设，管件、阀门及附件安装，支架制作及安装，管道附属构筑物，其他问题及说明五个部分（见表 6-2），总计 51 个清单项目。本节适用于市政管网工程及市政管网专用设备安装工程等。

表 6-2 管网工程分部分项工程清单

编　码	分部工程名称
040501	E.1　管道铺设
040502	E.2　管件、阀门及附件安装
040503	E.3　支架制作及安装
040504	E.4　管道附属构筑物

6.2.1.1 管道铺设

管道铺设共有 20 项清单项目，包括混凝土管、钢管、铸铁管、塑料管、直埋式预制保温管、管道架空跨越、隧道（沟、管）内管道、水平导向钻进、夯管、顶（夯）管工作坑、预制混凝土工作坑、顶管、土壤加固、新旧管连接、临时放水管线、砌筑方沟、混凝土方沟、砌筑渠道、混凝土渠道、警示（示踪）带铺设。

（1）混凝土管、钢管、铸铁管、塑料管、直埋式预制保温管以"m"计量，按设计图示中心线长度以"延长米"计算。不扣除附属构筑物、管件及阀门等所占长度。

（2）管道架空跨越以"m"计量，按设计图示中心线长度以"延长米"计算。不扣除附属构筑物、管件及阀门等所占长度。

（3）隧道（沟、管）内管道以"m"计量，按设计图示中心线长度以"延长米"计算。不扣除附属构筑物、管件及阀门等所占长度。

（4）水平导向钻进、夯管以"m"计量，按设计图示中心线长度以"延长米"计算。不扣除附属构筑物、管件及阀门等所占长度。

（5）水平导向钻进、夯管以"座"计量，按设计图示数量计算。

（6）顶管按设计图示长度以"延长米"计算。扣除附属构筑物（检查井）所占的长度。

（7）土壤加固以"m"计量，按设计图示加固段长度以延长米计算；或以"m³"计算，按设计图示加固段体积计算。

（8）新旧管连接以"处"计量，按设计图示数量计算。

（9）临时放水管线以"m"计量，按放水管线长度以"延长米"计算，不扣除管件、阀门所占长度。

（10）砌筑方沟、混凝土方沟、砌筑渠道以"m"计量，按设计图示尺寸以"延长米"计算。

（11）混凝土渠道以"m"计量，按设计图示尺寸以"延长米"计算。

（12）警示（示踪）带铺设以"m"计量，按铺设长度以"延长米"计算。

6.2.1.2　管件、阀门及附件安装

管道铺设共有18项清单项目，包括铸铁管管件、钢管管件制作及安装、塑料管管件、转换件、阀门、法兰、盲堵板制作及安装、套管制作及安装、水表、消火栓、补偿器（波纹管）、除污器组成及安装、凝水缸、调压器、过滤器、分离器、安全水封、检漏（水）管。

（1）铸铁管管件、钢管管件制作及安装、塑料管管件、转换件、阀门、法兰、盲堵板制作及安装、套管制作及安装、水表、消火栓以"个"计量，按设计图示数量计算。

（2）补偿器（波纹管）以"套"计量，按设计图示数量计算。

（3）除污器组成及安装、凝水缸、调压器、过滤器、分离器、安全水封、检漏（水）管以"组"计量，按设计图示数量计算。

6.2.1.3　支架制作及安装

支架制作及安装管道铺设共有4项清单项目，包括砌筑支墩、混凝土支墩、金属支架制作及安装、金属吊架制作及安装。

（1）砌筑支墩、混凝土支墩以"m³"计量，按设计图示尺寸以体积计算。

（2）金属支架制作及安装、金属吊架制作及安装以"吨"计量，按设计图示质量计算。

6.2.1.4　管道附属构筑物

管道附属构筑物管道铺设共有 9 项清单项目，包括砌筑井、混凝土井、塑料检查井、砖砌井筒、预制混凝土井筒、砌体出水口、混凝土出水口、整体化粪池、雨水口。

（1）砌筑井、混凝土井、塑料检查井以"座"计量，按设计图示数量计算。

（2）砖砌井筒、预制混凝土井筒以"m"计量，按设计图示尺寸以"延长米"计算。

（3）砌体出水口、混凝土出水口、整体化粪池、雨水口以"座"计量，按设计图示数量计算。

6.2.2　市政管网工程计量的相关内容

（1）管道架空跨越铺设的支架制作、安装及支架基础、垫层应按现行国家标准《市政工程工程量计算规范》（GB 50857—2013）"附录 E.3 支架制作及安装"中相关清单项目编码列项。

（2）管道铺设项目中的做法如为标准设计，也可在项目特征中标注标准图集号。

（3）凝水井应按现行国家标准《市政工程工程量计算规范》（GB 50857—2013）"附录 E.4 管道附属构筑物"中相关清单项目编码列项。

（4）管道附属构筑物为标准定型附属构筑物时，在项目特征中应标注标准图集编号及页码。

（5）本节清单项目所涉及土方工程的内容应按现行国家标准《市政工程工程量计算规范》（GB 50857—2013）"附录 A 土石方工程"中相关项目编码列项。

（6）刷油、防腐、保温工程、阴极保护及牺牲阳极应按现行国家标准《通用安装工程工程量计算规范》（GB 50856—2013）"附录 M 刷油、防腐蚀、绝热工程"中相关项目编码列项。

（7）高压管道及管件、阀门安装，不锈钢管及管件、阀门安装，管道焊缝无损探伤应按现行国家标准《通用安装工程工程量计算规范》（GB 50856—2013）"附录 H 工业管道"中相关项目编码列项。

（8）管道检验及试验要求应按各专业的施工验收规范及设计要求，对已完管道工程进行的管道吹扫、冲洗消毒、强度试验、严密性试验等内容进行描述。

（9）阀门电动机需单独列项，应按现行国家标准《通用安装工程工程量计算规范》（GB 50856—2013）"附录 K 给排水、采暖、燃气工程"中相关项目编码列项。

（10）雨水口连接管应按现行国家标准《市政工程工程量计算规范》（GB 50857—2013）附录 E.1 "管道铺设"中相关项目编码列项。

6.2.3　市政管网工程工程量清单编制

管道安装工程量清单根据《市政工程工程量计算规范》（GB 50857—2013）附录 E.1 "表 E.1 管道铺设"相应项目列项，在清单项目设置时，应根据设计说明明确描述以下项目内容，同一个分部分项工程量清单的项目特征必须完全一致。

6.2.3.1　管道安装项目特征描述

（1）管道种类。比如给水、排水、燃气管道等。

（2）材质。钢管应描述直缝卷焊钢管还是螺旋缝卷焊钢管；锌钢管应说明是普通镀锌钢管还是加厚镀锌钢管；铸铁管应说明是普通铸铁管还是球墨铸铁管，并明确压力等级。混凝土管应明确有筋管还是无筋管，以及轻型管还是重型管。

（3）接口形式。比如混凝土管应明确是抹带接口、承插接口还是套环接口及其接口材料。

（4）管道基础。应明确混凝土的强度等级、骨料最大粒径要求、管座包角等。

（5）垫层。应明确其材料品种、厚度、宽度等。

（6）管道防腐和保温。应明确除锈等级、防腐材料等；保温应明确保温层的结构、材料种类及厚度要求。

（7）管道安装的检验试验要求、试压、冲洗消毒及吹扫等要求。

6.2.3.2　管道安装清单工程量计算规则

（1）管道铺设，按设计图示中心线长度以"延长米"计算，不扣除附属构筑物、管件及阀门等所占长度。

（2）管道架空跨越，按设计图示中心线长度以"延长米"计算，不扣除管件及阀门等所占长度。

（3）水平导向钻进、夯管，按设计图示长度以"延长米"计算，扣除附属构筑物（检查井）所占长度。

（4）砌筑渠道和混凝土渠道，按设计图示尺寸以长度计算。

[**例 6-1**]　某排水管道如图 6-12 和图 6-13 所示，管道采用钢筋混凝土管（每节长 2m）承插式连接，C15 商品混凝土带形基础，C15 商品混凝土垫层，具体尺寸详见图 6-13 和表 6-3。管径如图（图示为内径），Y1、Y2 均为 ϕ1250mm 非定型井，Y3、Y4 均为 ϕ1500mm 非定型井，材质采用钢筋混凝土管，接口采用 O 形橡胶圈，管道平均埋深 9m，管道全长均做闭水试验。试依据《市政工程工程量计算规范》（GB 50857—2013）计算管道铺设工程量，并编制工程量清单（计算结果保留到小数点后两位）。

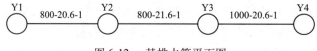

图 6-12　某排水管平面图

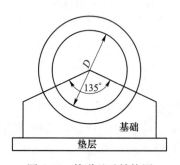

图 6-13　管道基础结构图

表 6-3　管道基础参数

管径	每米管基础混凝土体积/m³	每米管基础垫层体积/m³
D800	0.35	0.14
D1000	0.45	0.16

解：（1）计算工程量，见表6-4。

表 6-4　工程量计算表

编码	名称	单位	计算式	计算结果
040501001001	D800 混凝土管道铺设	m	20.6+21.60	42.20
040501001002	D1000 混凝土管道铺设	m	20.60	20.60

（2）编制工程量清单，见表6-5。

表 6-5　工程量清单

项目编码	项目名称	项目特征	计量单位	工程量
040501001001	D800 钢筋混凝土管道铺设	1. 垫层：C15 商品混凝土； 2. 基础：C15 商品混凝土； 3. 接口方式：O 形橡胶圈； 4. 管道材质、规格：D800 钢筋混凝土管； 5. 管道全长均做闭水试验	m	42.20
040501001002	D1000 钢筋混凝土管道铺设	1. 垫层：C15 商品混凝土； 2. 基础：C15 商品混凝土； 3. 接口方式：O 形橡胶圈； 4. 管道材质、规格：D1000 钢筋混凝土管； 5. 管道全长均做闭水试验	m	20.60

[例 6-2]　某段雨水管道平面图如图 6-14 所示，已知 Y1、Y2 均为 ϕ1250mm 非定型井平均深井 1.97m，Y3、Y4 均为 ϕ1500mm 非定型井其中 Y3 井深 1.97m，Y4 井深 2.7m。
试计算该段管道检查井清单工程量。

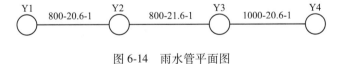

图 6-14　雨水管平面图

解：由管道平面图可知，Y1、Y2、Y3、Y4 均为雨水井。

该段雨水管道检查井根据井的结构、尺寸、井深等项目特征，可设置三个具体的清单项目。

（1）Y1、Y2 ϕ1250mm 非定型雨水检查井平均井深 1.97m，清单工程量＝2 座。

（2）Y3 ϕ1500mm 非定型井井深 1.97m，清单工程量＝1 座。

（3）Y4 ϕ1500mm 非定型井井深 2.7m，清单工程量＝1 座。

6.3　市政管网工程计价

管网工程工程量清单计价应响应招标文件的规定，完成工程量清单所列项目的全部费用，包括分部分项工程费，措施项目费、其他项目费、规费和税金。本节主要介绍分部分项工程项目清单计价，措施项目清单计价详见第 7 章。

6.3.1　市政管网工程计价定额说明

计价定额说明分为册说明，以及对各个分部工程的说明。通过对管网工程计价定额说明的学习，可以帮助我们对管网工程计价有更深入全面的了解，管网工程的计价定额说明如下。

6.3.1.1　一般说明

（1）管网工程定额适用于城镇范围内新建、扩建项目的排水工程、市政给水、燃气管道安装工程。市政给水和燃气管道安装工程的应急、抢险等项目，不适用本定额。

（2）给水、燃气管道安装工程是按平原地带施工条件考虑的。例如在起伏地带施工，管道的仰俯坡度超过 30°且小于 45°时，人工、机械费乘以系数 1.05；超过 45°时，人工、机械费乘以系数 1.20。

（3）排水工程现浇混凝土包括不大于 150m 的运输；超过者，套用道路工程混凝土半成品运输相应定额的增运距项目。

（4）管网工程涉及的现浇混凝土项目，均不包含模板制安，其模板的安拆执行本定额"L 措施项目"混凝土模板及支架中"基础模板""管（渠）道平基模板""管（渠）道管座模板"和"其他现浇构件模板"相应项目。对于预制混凝土构件，除沟、涵、渠混凝土盖板制作、安装中的矩形板（$L_0 > 1m$）和槽形板外，其他预制构件均按成品价计入定额，不再计算模板安拆、构件制作和运输费用。沟、涵、渠混凝土盖板中的矩形板（$L_0 > 1m$）和槽形板制作，其模板制安执行该混凝土构件制作项目中的相应模板定额。

6.3.1.2　管道铺设

A　排水管道铺设

（1）管道砂石基础项目适用于 90°～180°管道砂石基础，设计采用的管基材料与定额不同时，按类似的定额项目换算材料，但人工费和机械费不做调整。管道混凝土基础项目适用于 90°～360°管道基础。

（2）管道铺设是按 180°基座取定的。若基座为 150°时，管道铺设定额的人工乘以系数 1.02；基座为 120°时，管道铺设定额的人工乘以系数 1.03；基座为 90°时，管道铺设定额的人工乘以系数 1.05；基座为 360°时，管道铺设定额的人工乘以系数 0.95。

（3）混凝土排水管道安装管材按钢筋混凝土管考虑。若为混凝土管时，每 100m 管材定额耗量调整为 101.5m。

（4）管道铺设是按平口管和企口管综合考虑的，若为承插管时，管道铺设定额人工乘以系数 1.10；接口为钢筋混凝土套环时，安管定额人工费乘以系数 1.3，套环另执行相应定额。

（5）承插管和企口管接口的胶圈包含在管材价格中，不另行计算。

（6）混凝土管道接口砂浆抹带和接口填缝的人工费已综合在安管定额内，接口砂浆抹带和接口填缝的材料按相应定额计算。

（7）现浇混凝土套环接口定额不包含接口安钢丝网和止水带，设计要求安钢丝网和止水带时，按本章相应项目执行。

（8）塑料管道铺设未包括管道与井身接口处理费用，发生时，按设计图纸另行计算。

（9）管道安装深度大于 8m 时，安装人工乘以系数 1.10，机械乘以系数 1.20。

（10）若非施工单位的责任造成二次闭水试验时，按相应定额乘以系数 0.7。

（11）混凝土管道接口如设计要求内抹时，套用顶管接口内处理相应项目，但材料乘以 0.5 系数。

B 顶管

（1）顶管是指顶进土内的管道，工作坑内的管道明敷，应根据管径、接口做法执行管道铺设相应定额。

（2）工作坑垫层、基础执行本节管道附属构筑物相应项目。

（3）顶管工作坑土方开挖是按土壤类别综合考虑的，不得调整，工作坑回填执行土石方工程相应定额。

（4）顶管工作坑石方开挖及人工顶管入岩均按机械水钻方式编制考虑。人工挖掘混凝土管顶进遇微风化、中风化岩石时，除套用"混凝土管道顶进（砾石层）"定额外，再计取人工顶管入岩增加费（机械水钻）。

人工顶管入岩增加费（机械水钻）及工作坑石方开挖（机械水钻）定额均按微风化岩开挖编制；中风化岩层开挖时套用定额乘以 0.7 系数；全风化、强风化岩不计算入岩增加费。

（5）顶管工作坑定额按规格分五个项目，其适用条件为：

1）长 4m×宽 5m 以内适用于顶不大于 ϕ1200mm 管道；

2）长 4.5m×宽 5.5m 以内适用于顶 ϕ1250～ϕ1600mm 管道；

3）长 5m×宽 6m 以内适用于顶 ϕ1650～ϕ2000mm 管道；

4）长 5m×宽 6.5m 以内适用于顶 ϕ2050～ϕ2400mm 管道；

5）长 6m×宽 7m 以内适用于顶 ϕ2450～ϕ3000mm 管道。

（6）顶管工作坑定额中包括钢、木后座的摊销费。若因土质松软，采用石砌或钢筋混凝土后座时，可按实际工程量套相应定额计算。

（7）顶管工作坑支护是按枕木支撑考虑的。若施工中采用其他支护方式，则应扣除定额中锯材、铁抓钉、钢支撑、钢支座的材料费，其人工费按每立方米锯材扣除 1329.45 元，机械费按每立方米锯材扣除 328.65 元，工作坑的支护按批准的施工方案和相关定额另行计算。

（8）顶进设备包括导轨、顶铁、内胀圈、后座钢板、元宝钢、钢梁、出土小平车、切土刃脚等。

（9）顶管在形不成临时土拱的土层顶进时，一般土层中顶管人工按相应定额乘以系数 1.20，砾石层中顶管人工按相应定额乘以系数 1.40。

（10）顶管接口处的橡胶圈、衬垫、钢套环，计入顶管用钢筋混凝土管材料费中，不再单独计算。

（11）顶管接口内处理为沥青麻丝水泥砂浆接口。若采用其他接口时，按混凝土排水管道接口相应项目执行，其中人工费乘以系数 1.10。

C　沟渠工程

（1）砌筑方沟执行砌筑渠道相应项目，混凝土方沟执行混凝土渠道相应项目。

（2）砌体渠道定额中均未包含勾缝、抹灰，设计需要勾缝或抹灰时，执行本定额"C 桥涵工程"相应项目。

（3）砌体的石表面加工执行本定额"C 桥涵工程"相应项目。定额中条石、砌块、砖的规格和石表面加工详见本定额"C 桥涵工程"说明。

（4）现浇混凝土墙与墙帽同时浇筑时，墙帽混凝土合并在墙体混凝土内，执行墙体相应定额。

（5）砌体内采用钢筋加固者，按钢筋工程中的相应项目执行。

（6）沉降缝材料与定额不同时，允许换算，但人工费、机械费不变。

D　给水、燃气管道安装

（1）管道输送压力是按低、中压考虑的。输送压力为次高压、高压的燃气工程，其管道及管件安装定额人工费乘以系数 1.3。

（2）管道安装是按埋地铺设考虑的，如遇架空管道安装，当高度大于 1.5m 时，其脚手架按措施项目计算。

（3）各种管材的管壁厚度系综合定取得，管壁厚度与定额取定厚度不同时，定额不做调整。

（4）无缝钢管（含螺纹钢管）安装包括不大于 50mm 的清沟底分段的强度试验和气密性试验。

（5）铸铁管的安装基价中不包括管件的安装及材料费，管件按相应定额项目另行计算。

（6）不大于 DN50 的碳素钢管的定额基价已包括管件安装的人工费和材料费，但管件本身的价值另行计算。

（7）孔网钢带塑料复合管及管件安装套用聚乙烯管及管件安装相应定额，人工费乘以系数 1.15，机械费乘以系数 1.05。

（8）球墨铸铁管按铸铁管安装的相应定额计算。

E　管道穿跨越

（1）管道穿、跨越定额适用于给水、燃气管道穿跨越河流、公路、铁路工程。

（2）拖管过河采用直线拖拉式。

（3）机械吊装管桥，使用的机械已综合考虑，不得换算。

（4）管廊内施工，其他材质管材按相应安装方式执行相应定额，措施另计。

F　管道防腐

（1）管道防腐是按正常的施工方案综合考虑的，不得因施工方案不同而进行换算。

（2）管道接头防腐已综合考虑在定额内，不得另行计算；其中燃气管道接头热缩套、粘胶带防腐可另计。

（3）各种管道上的附件、阀门的防腐，均已综合考虑在定额内，不得另行计算；其中燃气管道上的附近、阀门采用热缩套、粘胶带防腐，可另计。

（4）给水管道上的附件、阀门的防腐，定额是按氯磺化聚乙烯考虑的，若使用环氧煤沥青时，把定额中氯磺化聚乙烯用量换为环氧煤沥青。

（5）管道防腐定额中除粘胶带防腐外，若需使用机械进行翻转施工时，每 $1m^2$ 防腐面积增加机械费 0.80 元。

G　管道检验

（1）强度试验和气密性试验项目，均摊销了管道两端卡具、盲（堵）板、临时管线用的钢管、阀门、螺栓等材料的消耗，不得另计。如台射试压，中间增加了制堵点措施及工程量另计。

（2）管道的强度试验和气密性试验，不分材质和作业环境，均执行本定额。

（3）强度试验和气密性试验项目，均已包括了一次试压的人工、材料和机械台班的耗用量。

（4）管道的强度试验和气密性试验如分段试验合格后，需做总体试验时，另行计算。

（5）管道水压试验、消毒冲洗 DN 小于 100mm 者，按 DN100 定额乘以系数 0.60。

6.3.1.3　管件、阀门及附件安装

A　管件制作、安装

（1）钢制管件分钢管制作和钢板制作两种，各种管件的焊缝已综合考虑，不做调整。

（2）钢制管件计算单体重量时，焊缝的重量平均按钢制管件重量的 2% 计算。

（3）四通制作执行三通制作的定额；刚性、柔性承插短管制作按异径管制作的定额基价乘以系数 1.05。

（4）钢制管件需焊接法兰时，除套用管件制作定额外，另套用法兰焊接相应定额。

（5）钢制管件安装包括三通、四通、弯头、异径管、短管等，接口已综合考虑，不做调整。

（6）在铸铁或钢管上钻孔接水的白铁管套用镀锌钢管连接碰头定额，其人工费、机械费乘以系数 1.20。

（7）预应力混凝土管转换件安装。若两端均采用柔性胶圈接口时，套用铸铁管件胶圈接口定额。

（8）二合三通如设计采用焊接时，材料费按实调整，人工费不变。

（9）在现场钢管挖眼接管的管径是指支管的管径。

（10）用螺栓连接的盲板安装按法兰安装的相应定额乘以系数 1.10。

B　阀门安装

（1）法兰阀门安装只适用于低、中压力的各种法兰阀门。

（2）阀门解体检查，包括一次试压。

（3）阀门研磨，包括解体检查和一次试压。

（4）低压丝扣阀门安装，适用于各种内外螺纹连接的阀门。

（5）法兰阀门安装仅一侧与法兰连接时，螺栓数量减半。

（6）阀门安装不包括加长杆与执行机构安装。

（7）齿轮传动阀门安装套用法兰阀门安装的相应定额，但人工费、机械费乘以系数 1.30。

（8）排气阀门安装套用法兰阀门安装的相应定额，但人工费、机械费乘以系数 0.80，

螺栓用量减半。

（9）电动阀门安装，如阀门与电动机分离组合时，电机安装执行《四川省建设工程工程量清单计价定额——通用安装工程》相应定额项目。

C　附件安装

用户调压器安装包括出口两处接点中间的直通、旁通管道和各种管件、调压器以及放散管等的安装。但定额内未包括调压器箱、托（支）架、墩座的安装，如设计有要求时，另行计算。

D　支架制作及安装

支架制作及安装时，管道支挡墩用石砌筑者，套用矩形井砌筑的相应定额。

E　管道附属构筑物

（1）砌体出水口、混凝土出水口执行本定额"C 桥涵工程"中的相应定额项目；砌筑井筒执行圆形检查井项目；整体化粪池执行《四川省建设工程工程量清单计价定额——房屋建筑与装饰工程》相应定额项目。

（2）砌筑井项目未包括踏步本身价值，另按设计的踏步数量及其成品价格计入定额项目。

（3）井内单独浇筑的混凝土流槽执行现浇混凝土垫层定额，人工费乘以系数 1.20。

（4）砖砌扇形井执行砖砌矩形井定额，其中人工费乘以系数 1.05。

（5）砌体定额中均未包含勾缝、抹灰，设计需要勾缝或抹灰时，执行本定额相应项目。

（6）塑料检查井安装项目仅为检查井本体的安装，接入管道的安装接口费用另套相应定额项目。

（7）塑料检查井安装项目，定额中统一以井身直径计列，起始井、直通井、90°井、45°井、三通井、四通井等不同类型时，可换算定额主材及其单价。

6.3.2　市政管网工程计价定额工程量计算规则

对管网工程而言，定额工程量的计算仍然以施工图纸为依据，并遵守《四川省建设工程工程量清单计价定额》中管网工程工程量计算规则。除以下列举规则外，其余计价定额工程量计算规则同本章前述对应项清单工程量计算规则。

6.3.2.1　管道铺设

A　排水管道铺设

（1）管道基础按图示尺寸的体积以"m³"计算。

（2）接口钢丝网水泥砂浆抹带按每一个接口设计的抹带砂浆量乘以接口数量以"m³"计算，钢丝网按每一个接口铺设的面积乘以接口数量以"m²"计算。

（3）现浇混凝土套环接口按每一个接口设计的混凝土量乘以接口数量以"m³"计算。钢筋网按每一个接口设计的钢筋重量乘以接口数量以"kg"计算，止水带按每一个接口止水带长度乘以接口个数以"m"计算。

（4）混凝土管道接口的个数按相同管径的管道净长除以单根管材长度计算，尾数不足一个时按一个计算。

（5）管底坡度大于10%时，管长按斜长计算。

（6）管道闭水试验按实际闭水长度计算，不扣除各种井所占长度。

（7）管道长度按平面图的井距长度（中-中），减去井室净空及其他构筑物所占的长度计算。管道应减井室的长度 L 规定如下：

1）当井室为矩形时，$L=$井室净距-0.1m；

2）当井室为圆形时，按表6-6长度扣除。

表6-6 圆井中接入管应扣长度表

接入管内径/mm	接入不同井内径时应扣除的长度/mm					
	$D=700$	$D=1000$	$D=1250$	$D=1500$	$D=2000$	$D=2500$
200	660	970	1230	1480	1980	2490
300	600	930	1200	1460	1970	2470
400	510	880	1150	1420	1940	2450
500		800	1100	1370	1910	2430
600		690	1020	1320	1870	2390
700			920	1240	1820	2350
800			800	1150	1750	2310
900				1040	1680	2250
1000				900	1600	2190
1100					1500	2120
1200					1390	2040
1300						1950
1400						1850
1500						1690
1600						1600

计算公式：

$$管外径 = 管内径 + \frac{管内径}{10} \times 2$$

$$长度 = \sqrt{\frac{(管内径)^2}{2} - \frac{(管外径)^2}{2}} \times 2$$

注：1. 单向接入圆井的管道，按表中应扣长度的1/2计算；

2. 当接入圆井两端的管径不同时，分别计算扣减长度。

B 顶管工程

（1）顶管的长度按顶入土层内的长度计算。

（2）长距离顶管工作坑的个数，由施工组织设计根据地形、地质、水文等条件决定。

（3）中继间的个数按批准的施工组织设计确定的个数计算。

（4）顶管的接口处理按实抹个数计算。

（5）人工顶管入岩增加费（机械水钻）工程量计算时仅考虑顶入岩层的管体积，工作坑石方开挖（机械水钻）工程量计算时也不考虑超挖量。

C 方（拱）涵顶进

（1）方（拱）涵顶进的长度按顶入土层内的长度计算。

（2）顶进工作坑依据设计图纸和施工组织设计，参考顶管工作坑的尺寸计算。

（3）方（拱）涵顶进的接口处理按实处理面积以"m²"计算。

D 沟渠工程

（1）预制混凝土构件模板按混凝土接触面积以"m²"计算，单孔面积不大于0.3m²

的孔洞不予扣除，洞侧壁模板亦不增加；单孔面积大于 0.3m² 时，应予扣除，洞侧壁面积并入模板工程量内计算。

（2）砌体均按图示尺寸以"m³"计算，嵌入砌体的钢筋、铁件及单个面积在不大于 0.3m² 的孔洞均不扣除。

（3）渠道沉降缝按图示尺寸以"m²"计算，嵌缝和止水带按图示尺寸以"m"计算。

E　给水、燃气管道铺设

（1）各种管道的安装工程量均按中心线的延长米计算，不扣除阀门和各种管件所占的长度。

（2）各种钢板卷管（包括螺纹钢管）、DN 大于 500mm 的铸铁管等，直管的主材数量应按定额用量扣除管件所占的长度计算。

（3）管道安装总工程量不大于 50m，且管径不大于 300mm 时，管道及管件安装人工费和机械费均乘以系数 2.0。

（4）水压试验、冲洗消毒工程量按设计中心线的管道长度计算。

（5）强度试验和气密性试验的工程量按设计中心线的长度计算。

F　管道防腐

（1）管道防腐的长度按管道的设计长度计算。

（2）管道防腐面积的计算规则如下：

1）管道外防腐面积＝管外径×3.142×设计长度；

2）管道内防腐面积＝管内径×3.142×设计长度。

G　管线穿跨越

（1）单拱跨管桥制作、安装、预制组装，以每 10m 按 4.494 个口考虑。若与实际不符时允许调整，定额中的人工、材料、机械按管道安装的说明处理。

（2）附件制作，每项单孔跨越只允许套用一次定额。管段组对按设计长度套用定额。

（3）门型单拱跨管桥头已综合考虑了弯头、加强筋、板制作及地脚螺栓安装的人工、材料、机械费，使用时不做调整。

（4）超运距新增加的机械费已综合在相应项目内，不再另行计算。

6.3.2.2　管件、阀门及附件安装

A　管件制作安装

（1）管件制作以"t"计算。

（2）管件的单体重量不分钢管制作或钢板制作，均按国标 S3 规定计算，或按设计图纸规定的图示尺寸的净面积乘以厚度再乘以 7.85t/m³ 计算。实际壁厚与 S3 规定不同时允许换算。

（3）管件的数量按图纸计算，但与闸阀连接的管件不得重复计算。

（4）法兰焊接安装均以"副"计，单个法兰焊接安装按 0.5 副计算。

（5）法兰管件安装按自带法兰的个数，套用法兰安装的相应项目，人工、机械费乘以系数 1.3。

（6）管件安装如果两端接口形式不同时，按其中一端的接口形式套用定额。

（7）水泥压力管的管线中的转换件，不分铸铁、钢制按接口形式套用定额。

1）水泥压力管管件的刚性、柔性承插口，不分铸铁或钢制均按不同接口材料，分别套用铸铁管件安装的相应定额。

2）套管式的转换管件，套用刚性套管安装的相应定额。

3）刚性承插三通、四通、弯头等转换件，按接口材料的不同，分别套用预应力混凝土管转换件或铸铁管件、钢制管件的安装定额，但一个转换件只能套一种接口材料的管件安装定额。

B 阀门安装

（1）阀门安装按设计数量以"个"计算。

（2）阀门单体试压、解体检查和研磨，均按实际发生的数量以"个"计算。

（3）法兰安装用的垫片定额是综合考虑的，如使用其他垫片时均不允许换算。

（4）附件安装时，调压器安装按设计图数量以"个"计算。

6.3.2.3 管道附属构筑物

（1）井垫层、基础按图示尺寸的体积，以"m^3"计算。

（2）井内沉砂坑加深部分增加的工程量，合并在基础内计算。

（3）井墙按图示尺寸以"m^3"计算，应扣除大于 $\phi300mm$ 的管道占位体积，异径井筒和流槽的砌体与井墙合并计算。

（4）抹面、勾缝按图示尺寸的面积以"m^2"计算，应扣除大于 $\phi300mm$ 的孔洞面积。

（5）现浇混凝土井壁、井顶按图示尺寸以"m^3"计算，应扣除大于 $\phi300mm$ 的孔洞体积。

（6）踏步按设计数量以"个"计算。

（7）与塑料检查井连接的各类管道接口，按设计数量以"个"计算。

扫码查看
例题讲解

[**例 6-3**] 市政管网工程计价示例。

某排水工程，位于成都市区。管道平均埋深 9m，具体尺寸详见管道平面图，如图 6-15 所示，管道基础结构图如图 6-16 所示，管道基础参数表分部分项清单见表 6-7。

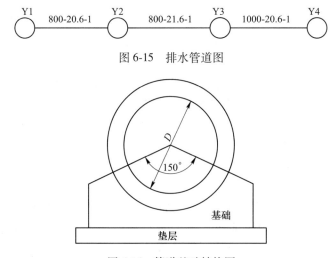

图 6-15 排水管道图

图 6-16 管道基础结构图

　　试采用增值税一般计税方法编制招标控制价，计算该分部分项清单的综合单价（材料价按招标控制价编制当期工程造价信息计取，无信息价采取市场价；人工费调整按招标控制价编制当期四川省建设工程造价管理总站颁布相关文件执行）。

表 6-7　分部分项工程量清单

项目编码	项目名称	项目特征	计量单位	工程量
040501001001	D800 钢筋混凝土管道	1. 垫层：C15 商品混凝土； 2. 基础：C15 商品混凝土； 3. 接口方式：O 形橡胶圈； 4. 管道材质、规格：D800 钢筋混凝土管； 5. 管道全长均做闭水试验	m	42.20
040501001002	D1000 钢筋混凝土管道	1. 垫层：C15 商品混凝土； 2. 基础：C15 商品混凝土； 3. 接口方式：O 形橡胶圈； 4. 管道材质、规格：D1000 钢筋混凝土管； 5. 管道全长均做闭水试验	m	20.60

　　解：（1）计算定额工程量，见表 6-8。

表 6-8　定额工程量计算表

序号	名　称	单位	计算式	计算结果
1	D800 混凝土管道铺设	m	20.6+21.6-0.8-0.8÷2-1.15÷2	40.43
2	D1000 混凝土管道铺设	m	20.6-0.9	19.70
3	D800 C15 混凝土管道垫层	m³	(20.6-1.25+21.6-1.25÷2-1.5÷2) ×0.14	5.54
4	D1000 C15 混凝土管道垫层	m³	(20.6-1.5) ×0.16	3.06
5	D800 C15 混凝土管道基础	m³	(20.6-1.25+21.6-1.25÷2-1.5÷2) ×0.35	13.85
6	D1000 C15 混凝土管道基础	m³	(20.6-1.5) ×0.45	8.60
7	D800 混凝土管道闭水试验	m	20.6+21.6	42.20
8	D1000 混凝土管道闭水试验	m	20.6	20.60

　　（2）D800 钢筋混凝土管道。依据《建设工程工程量清单计价规范》（GB 50500—2013）确定综合单价，具体如下。

　　1）定额选择。依据项目特征选择《建设工程工程量清单计价规范》（GB 50500—2013）中 DE0013 混凝土排水管道铺设管径 800mm，DC0004 商品混凝土垫层 C15，DE0002 商品混凝土管道基础 C15，DE0061 混凝土排水管闭水试验管径 800mm 干混砂浆。

　　2）DE0013 基价为 139.1919 元/m。其中，人工费 20.1189 元/m，材料费 100.6265 元/m，机械费为 7.0743 元/m，综合费 11.3722 元/m。

　　① 人工费调整。若为承插管时，管道铺设定额人工乘以系数 1.10；管道安装深度大

于 8m 时，安装人工乘以系数 1.10。

管道铺设是按 180°基座取定的，如基座为 150°时，管道铺设定额的人工乘以系数 1.02；基座为 120°时，管道铺设定额的人工乘以系数 1.03；基座为 90°时，管道铺设定额的人工乘以系数 1.05；基座为 360°时，管道铺设定额的人工乘以系数 0.95。

按四川省建设工程造价管理总站发布的文件规定，当期的人工费调整系数为 10.55%。调整后人工费 = 20.1189×1.10×1.10×1.03×(1+10.55%) = 27.7195(元/m)。

② 材料费调整。由定额 DE0013 可知，基础使用的材料有：钢筋混凝土管道 $\phi800$ 及其他材料费。

钢筋混凝土管道 $\phi800$ 材料价调整，钢筋混凝土管道 $\phi800$ 定额消耗量为 1.01m/m，钢筋混凝土管道 $\phi800$ 当期不含税信息价为 292.05 元/m。调价后钢筋混凝土管道 $\phi800$ 实际费用 = 1.01×292.05 = 294.9705(元/m)。

其他材料费不需调整，为 0.0305 元/m。

材料费合计 = 294.9705+0.0305 = 295.001(元/m)。

③ 机械费调整。柴油价格调整，查定额该子目柴油消耗量为 0.53137L/m，柴油定额单价为 6 元/L，当期柴油不含税信息价为 7.89 元/L。调整柴油价格后机械费 = 7.0743+(7.89-6)×0.53137 = 8.078589(元/L)。

管道安装深度大于 8m 时，机械乘以系数 1.20。

调整后机械费 = 8.078589×1.20 = 9.6943(元/m)。

④ 综合费按规定编制招标控制价时不调整。

3) 调整后钢筋混凝土管道 $\phi800$ 定额单价 = 27.7195+295.001+9.6943+11.3722 = 343.787(元/m)。

4) DC0004 基价为 411.629 元/m³。其中，人工费 42.054 元/m³，材料费 342.794 元/m³，机械费为 0.246 元/m³，综合费 26.535 元/m³。

① 人工费调整。按四川省建设工程造价管理总站发布的文件规定，当期的人工费调整系数为 10.55%。调整后人工费 = 42.054×(1+10.55%) = 46.49(元/m³)。

② 材料费调整。由定额 DC0004 可知，使用的材料有商品混凝土 C15、水及其他材料费。

商品混凝土 C15 材料价调整，商品混凝土 C15 定额消耗量为 1.005 m³/m³，商品混凝土 C15 当期不含税信息价为 546 元/m³。调价后商品混凝土 C15 实际费用 = 1.005×546 = 548.73(元/m³)。

水材料价调整，水定额消耗量为 0.1659m³/m³，水当期不含税信息价为 3.69 元/m³。调价后水实际费用 = 0.1659×3.69 = 0.612171(元/m³)。

其他材料费不需调整，为 0.629 元/m³。

材料费合计 = 548.73+0.612171+0.629 = 549.97(元/m³)。

③ 机械费及综合费按规定编制招标控制价时不调整。

5) 调整后商品混凝土垫层 C15 定额单价 = 46.49+549.97+0.246+26.535 = 623.241 (元/m³)。

6) DC0002 基价为 385.831 元/m³。其中，人工费 37.209 元/m³，材料费 332.744 元/

m^3，机械费为 0.224 元/m^3，综合费 15.654 元/m^3。

① 人工费调整。按四川省建设工程造价管理总站发布的文件规定，当期的人工费调整系数为 10.55%。调整后人工费 = 37.209×(1+10.55%) = 41.1345(元/m^3)。

② 材料费调整。由定额 DC0002 可知，使用的材料有商品混凝土 C15、水及其他材料费。

商品混凝土 C15 材料价调整，商品混凝土 C15 定额消耗量为 1.01m^3/m^3，商品混凝土 C15 当期不含税信息价为 546 元/m^3。调价后商品混凝土 C15 实际费用 = 1.01×546 = 551.46(元/m^3)。

水材料价调整，水定额消耗量为 0.166m^3/m^3，水当期不含税信息价为 3.69 元/m^3。调价后水实际费用 = 0.166×3.69 = 0.61254(元/m^3)。

其他材料费不需调整，为 0.629 元/m^3。

材料费合计 = 551.46+0.61254+0.629 = 552.70154(元/m^3)。

③ 机械费及综合费按规定编制招标控制价时不调整。

7) 调整后商品混凝土管道基础 C15 定额单价 = 41.1345+552.70154+0.224+15.654 = 609.71404(元/m^3)。

8) DE0061 基价为 16.065 元/m。其中，人工费 8.5953 元/m，材料费 3.8709 元/m，机械费为 0.3 元/m^3，综合费 3.5958 元/m。

① 人工费调整。按四川省建设工程造价管理总站发布的文件规定，当期的人工费调整系数为 10.55%。调整后人工费 = 8.5953×(1+10.55%) = 9.5021(元/m)。

② 材料费调整。由定额 DE0061 可知，使用的材料有标准砖、干混砌筑砂浆 M5、干混抹灰砂浆 M5、水及其他材料费。

标准砖材料价调整，标准砖定额消耗量为 3.2 匹/m，标准砖当期不含税信息价为 0.59 元/匹。调价后标准砖实际费用 = 3.2×0.59 = 1.888(元/m)。

干混砌筑砂浆 M5 材料价调整，干混砌筑砂浆 M5 定额消耗量为 0.00277t/m，干混砌筑砂浆 M5 当期不含税信息价为 342.85 元/t。调价后标准砖实际费用 = 0.00277×342.85 = 0.9497(元/m)。

干混抹灰砂浆 M5 材料价调整，干混抹灰砂浆 M5 定额消耗量为 0.00099t/m，干混抹灰砂浆 M5 当期不含税信息价为 367.14 元/t。调价后标准砖实际费用 = 0.00099×367.14 = 0.3635(元/m)。

水材料价调整，水定额消耗量为 0.54m^3/m，水当期不含税信息价为 3.69 元/m^3。调价后水实际费用 = 0.54×3.69 = 1.9926(元/m)。

其他材料费不需调整，为 0.0637 元/m。

材料费合计 = 1.888+0.9497+0.3635+1.9926+0.0637 = 5.2575(元/m)。

③ 机械费及综合费按规定编制招标控制价时不调整。

9) 调整后混凝土排水管闭水试验管径 800mm 干混砂浆定额单价 = 9.5021+5.2575+3.5958 = 18.3554(元/m)。

D800 钢筋混凝土管道清单综合单价 = (343.787×40.43+623.241×5.54+609.71404×13.85+18.3554×42.20)÷42.20 = 629.65(元/m)。

将 D800 钢筋混凝土管道综合单价填入招标工程量清单并计算合价，得 D800 钢筋混凝土管道项目计价表，见表 6-9。其中，定额人工费 = 20.1189×40.43 + 42.054×5.54 + 37.209×13.85 + 8.5953×42.20 = 1924.45（元）。

表 6-9 分部分项清单计价表

序号	项目编码	项目名称	项目特征描述	计量单位	工程量	综合单价	合价	其中	
								定额人工费	暂估价
1	040501001001	D800 钢筋混凝土管道	1. 垫层：C15 商品混凝土； 2. 基础：C15 商品混凝土； 3. 接口方式：O 形橡胶圈； 4. 管道材质、规格：D800 钢筋混凝土管； 5. 管道全长均做闭水试验	m	42.20	629.65	26571.19	1924.45	

（3）D1000 钢筋混凝土管道。依据《建设工程工程量清单计价规范》（GB 50500—2013）确定综合单价，具体如下。

1）定额选择。依据项目特征选择《建设工程工程量清单计价规范》（GB 50500—2013）中 DE0015 混凝土排水管道铺设管径 1000mm，DC0004 商品混凝土垫层 C15，DC0002 商品混凝土管道基础 C15，DE0067 混凝土排水管闭水试验管径 1000mm 干混砂浆。

2）DE0015 基价为 278.41 元/m。其中，人工费 31.825 元/m，材料费 218.00 元/m，机械费为 10.769 元/m，综合费 17.81 元/m。

① 人工费调整。若为承插管时，管道铺设定额人工乘以系数 1.10。

管道安装深度大于 8m 时，安装人工乘以系数 1.10。

管道铺设是按 180°基座取定的，若基座为 150°时，管道铺设定额的人工乘以系数 1.02；基座为 120°时，管道铺设定额的人工乘以系数 1.03；基座为 90°时，管道铺设定额的人工乘以系数 1.05；基座为 360°时，管道铺设定额的人工乘以系数 0.95。

按四川省建设工程造价管理总站发布的文件规定，当期的人工费调整系数为 10.55%。调整后人工费 = 31.825×1.10×1.10×1.03×（1 + 10.55%）= 44.24（元/m）。

② 材料费调整。由定额 DE0015 可知，基础使用的材料有钢筋混凝土管道 φ1000 及其他材料费。

钢筋混凝土管道 φ1000 材料价调整，钢筋混凝土管道 φ1000 定额消耗量为 1.01m/m，钢筋混凝土管道 φ1000 当期不含税信息价为 516.38 元/m。调价后钢筋混凝土管道 φ1000 实际费用 = 1.01×516.38 = 521.5438（元/m）。

其他材料费不需调整，为 0.0457 元/m。

材料费合计 = 521.5438 + 0.057 = 521.6008（元/m）。

③ 机械费调整。机械用柴油价格调整，查定额该子目柴油消耗量为 0.8089L/m，柴油

定额单价为 6 元/L，当期汽油不含税信息价为 6.85 元/L。调整后机械费 = 10.5902 + (6.85−6)×0.67948 = 11.1677(元/m)。

管道安装深度大于 8m 时，机械乘以系数 1.20。

调整后机械费 = 11.1677×1.20 = 13.40124(元/m)。

④ 综合费按规定编制招标控制价时不调整。

3) 调整后钢筋混凝土管道 $\phi1000$ 定额单价 = 44.24 + 521.6008 + 13.40124 + 17.81 = 597.05(元/m)。

4) DC0004 基价为 411.629 元/m³。其中，人工费 42.054 元/m³，材料费 342.794 元/m³，机械费为 0.246 元/m³，综合费 26.535 元/m³。

① 人工费调整。按四川省建设工程造价管理总站发布的文件规定，当期的人工费调整系数为 10.55%。调整后人工费 = 42.054×(1+10.55%) = 46.49(元/m³)。

② 材料费调整。由定额 DC0003 可知，使用的材料有商品混凝土 C15、水及其他材料费。

商品混凝土 C15 材料价调整，商品混凝土 C15 定额消耗量为 1.005m³/m³，商品混凝土 C15 当期不含税信息价为 546 元/m³。调价后商品混凝土 C15 实际费用 = 1.005×546 = 548.73(元/m³)。

水材料价调整，水定额消耗量为 0.1659m³/m³，水当期不含税信息价为 3.69 元/m³。调价后水实际费用 = 0.1659×3.69 = 0.6121(元/m³)。

其他材料费不需调整，为 0.629 元/m³。

材料费合计 = 548.73+0.6121+0.629 = 549.97(元/m³)。

③ 机械费及综合费按规定编制招标控制价时不调整。

5) 调整后商品混凝土垫层 C15 定额单价 = 46.49 + 549.97 + 0.246 + 26.535 = 623.241 (元/m³)。

6) DC0002 基价为 385.831 元/m³。其中，人工费 37.209 元/m³，材料费 332.744 元/m³，机械费为 0.224 元/m³，综合费 15.654 元/m³。

① 人工费调整。按四川省建设工程造价管理总站发布的文件规定，当期的人工费调整系数为 10.55%。调整后人工费 = 37.209×(1+10.55%) = 41.1345(元/m³)。

② 材料费调整。由定额 DC0002 可知，使用的材料有商品混凝土 C15、水及其他材料费。

商品混凝土 C15 材料价调整，商品混凝土 C15 定额消耗量为 1.01m³/m³，商品混凝土 C15 当期不含税信息价为 546 元/m³。调价后商品混凝土 C15 实际费用 = 1.01×546 = 551.46(元/m³)。

水材料价调整，水定额消耗量为 0.166m³/m³，水当期不含税信息价为 3.69 元/m³。调价后水实际费用 = 0.166×3.69 = 0.6125(元/m³)。

其他材料费不需调整，为 0.629 元/m³。

材料费合计 = 551.46+0.6125+0.629 = 552.7(元/m³)。

③ 机械费及综合费按规定编制招标控制价时不调整。

7) 调整后商品混凝土管道基础 C15 定额单价 = 41.1345 + 552.7 + 0.224 + 15.654 =

609.7125(元/m³)。

8) DE0067 基价为 20.4243 元/m。其中，人工费 10.1322 元/m，材料费 6.0482 元/m，机械费为 0.0046 元/m³，综合费 4.2393 元/m。

① 人工费调整。按四川省建设工程造价管理总站发布的文件规定，当期的人工费调整系数为 10.55%。调整后人工费 = 10.1322×(1+10.55%) = 11.2(元/m)。

② 材料费调整。由定额 DE0067 可知，使用的材料有标准砖、干混砌筑砂浆 M5、干混抹灰砂浆 M5、水及其他材料费。

标准砖材料价调整，标准砖定额消耗量为 5 匹/m，标准砖当期不含税信息价为 0.59 元/匹。调价后标准砖实际费用 = 5×0.59 = 2.95(元/m)。

干混砌筑砂浆 M5 材料价调整，干混砌筑砂浆 M5 定额消耗量为 0.00433t/m，干混砌筑砂浆 M5 当期不含税信息价为 342.85 元/t。调价后标准砖实际费用 = 0.00433×342.85 = 1.4845(元/m)。

干混抹灰砂浆 M5 材料价调整，干混抹灰砂浆 M5 定额消耗量为 0.00148t/m，干混抹灰砂浆 M5 当期不含税信息价为 367.14 元/t。调价后标准砖实际费用 = 0.00148×367.14 = 0.5434(元/m)。

水材料价调整，水定额消耗量为 0.85m³/m，水当期不含税信息价为 3.69 元/m³。调价后水实际费用 = 0.85×3.69 = 3.1365(元/m)。

其他材料费不需调整，为 0.0995 元/m。

材料费合计 = 2.95+1.4845+0.5434+3.1365+0.0995 = 8.2139(元/m)。

③ 机械费及综合费按规定编制招标控制价时不调整。

9) 调整后混凝土排水管闭水试验管径 1000mm 干混砂浆定额单价 = 11.2+8.2139+0.0046+4.2393 = 23.6578(元/m)。

D1000 钢筋混凝土管道清单综合单价 = (596.6599×19.70+623.241×3.06+609.7125×8.60+23.6578×20.6)÷20.6 = 941.37(元/m)。

将 D1000 钢筋混凝土管道综合单价填入招标工程量清单并计算合价，得 D1000 钢筋混凝土管道项目计价表，见表 6-10。其中定额人工费 = 31.825×19.70+42.054×3.06+37.209×8.60+10.1322×20.6 = 1284.36(元)。

表 6-10 分部分项清单计价表

序号	项目编码	项目名称	项目特征描述	计量单位	工程量	综合单价	合价	定额人工费	暂估价
								其中	
1	040501001002	D1000 钢筋混凝土管道	1. 垫层：C15 商品混凝土； 2. 基础：C15 商品混凝土； 3. 接口方式：O 形橡胶圈； 4. 管道材质、规格：D1000 钢筋混凝土管； 5. 管道全长均做闭水试验	m	20.60	941.37	19392.20	1284.36	

本章小结

（1）本章主要介绍市政管网工程基础知识、管网工程清单项目设置与工程量计算规则以及管网工程清单计价。

（2）市政管网工程基础知识包括管网工程分类、管网工程管道材质，以及管网工程常用施工方法简介。

（3）管网工程清单项目设置与工程量计算规则和管网工程清单编制方法。

（4）管网工程清单计价包括管网工程定额说明、定额工程量计算规则和定额中的价格组成调整。

习　　题

1. 简答题

（1）常用的排水管材有哪些？

（2）管道开槽施工的工序有哪些？

（3）清单工程量与定额工程量的关系？

（4）为什么要对定额中的价格组成进行调整？

2. 计算题

某排水管道如图 6-17 和图 6-18 所示，管道采用钢筋混凝土管（每节长 2m）承插式连接，150°混凝土基础。位于非机动车道内，管径如图 6-18 所示（图示为内径），材质采用承插钢筋混凝土管，接口采用 O 形橡胶圈，管道铺设平均深度为 6m，全长均做闭水试验，Y1、Y2 均为 D1250mm 非定型井，Y3、Y4 均为 D1500mm 非定型井（计算结果保留到小数点后两位）。

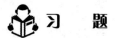

图 6-17　排水管道图

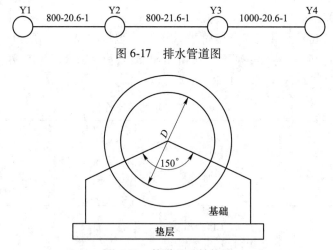

图 6-18　管道基础结构图

（1）混凝土管道连接方式包括平口式和承插式。

（2）试依据《市政工程工程量计算规范》（GB 50857—2013）中市政管网工程相关计算规则计算如下工程量：

1）D800 混凝土污水管道铺设清单工程量；

2）D1000 混凝土污水管道铺设清单工程量。

（3）依据《计价定额》相关计算规则计算：

1）D800 混凝土污水管道铺设定额工程量；

2）D1000 混凝土污水管道铺设定额工程量。

（4）依据已知条件试计算工程量清单项目中 D800 管道铺设的综合单价（不考虑人工费、材料费及机械费调整）。

其中项目特征为：

1）混凝土管规格：D800；

2）接口方式：O 形橡胶圈；

3）铺设深度：平均 6m；

4）管道检验要求：闭水试验。

7 市政工程措施项目计量与计价

7.1 市政工程措施项目概述

市政工程措施项目是指为完成市政道路、桥梁、广场（停车场）、隧道、管网、污水处理、生活垃圾处理、路灯等公用事业工程项目施工，发生于此类工程施工准备和施工过程中的技术、生活、安全、环境保护等方面的项目。市政工程措施项目包含总价措施项目和单价措施项目两大类。

7.1.1 总价措施项目

总价措施项目是指不能计算工程量的措施项目，以"项"计价，包括：安全文明施工，夜间施工，二次搬运，冬雨季施工，行车、行人干扰，地上、地下设施、建筑物的临时保护设施，已完工程及设备保护。清单项目编码依次为 041109001~041109007。

7.1.1.1 安全文明施工（项目编码 041109001）

安全文明施工含环境保护、文明施工、安全施工、临时设施。

A 环境保护费包含范围

施工现场为达到环保部门要求所需要的各项费用，包括施工现场为保持工地清洁、控制扬尘、杜绝废弃物与材料运输中的遗洒、保证排水设施通畅、设置密闭式垃圾站、实现施工垃圾与生活垃圾分类存放等环保措施而发生的费用，以及其他环境保护的费用。

B 文明施工费包含范围

文明施工费包括根据相关规定在施工现场设置企业标志、工程项目简介牌、工程项目主要责任人员姓名牌、安全六大纪律牌、安全生产记数牌、十项安全技术措施牌、防火须知牌、卫生须知牌、工地施工总平面布置图、安全警示标志牌、施工现场围挡及符合场容场貌、材料堆放、现场防火等要求采取相应措施所发生的费用，以及其他文明施工的费用。

C 安全施工费包含范围

安全施工费包括根据相关规定设置"四口、五临边"安全防护设施、现场物料提升架与卸料平台的安全防护设施、垂直交叉作业与高空作业安全防护设施、现场设置安防监控系统设施、现场机械设备（包括电动工具）的安全保护与作业场所和临时安全疏散通道的安全照明与警示设施等所发生的费用，以及其他安全防护措施费用。

D 临时设施费包含范围

临时设施费包括施工现场临时宿舍、文化福利及公用事业房屋与构筑物、仓库、办公室、加工场、工地实验室，以及规定范围内的临时道路、水、电、管线等临时设施和小型临时设施等的搭设、维修、拆除、周转或摊销等费用；同时还有其他临时设施费搭设、维修、拆除或摊销的费用。

7.1.1.2 夜间施工（项目编码041109002）

（1）夜间固定照明灯具和临时可移动照明灯具的设置、拆除。

（2）夜间施工时，施工现场交通标志、安全标牌、警示灯等的设置、移动、拆除。

（3）包括夜间照明设备摊销及照明用电、施工人员夜班补助、夜间施工劳动效率降低等费用。

7.1.1.3 二次搬运（项目编码041109003）

二次搬运包括由于施工场地条件限制而发生的材料、成品、半成品。一次运输不能到达堆积地点，必须进行二次或多次搬运的费用。

7.1.1.4 冬雨季施工（项目编码041109004）

（1）冬雨季施工时增加的临时设施（防寒保温、防雨设施）的搭设、拆除。

（2）冬雨季施工时，对砌体、混凝土等采用的特殊加温、保温和养护措施。

（3）冬雨季施工时，施工现场的防滑处理、对影响施工的雨雪的清除。

（4）包括冬雨季施工时增加的临时设施的摊销、施工人员的劳动保护用品、冬雨季施工劳动效率降低等费用。

7.1.1.5 行车、行人干扰（项目编码041109005）

（1）由于施工受行车、行人干扰的影响，导致人工、机械效率降低而增加的费用。

（2）为保证行车、行人的安全，现场增设维护交通与疏导人员而增加的人工费用。

7.1.1.6 地上、地下设施、建筑物的临时保护设施（项目编码041109006）

在工程施工过程中，对已建成的地上、地下设施和建筑物进行的遮盖、封闭、隔离等必要保护措施所发生的人工和材料费用。

7.1.1.7 已完工程及设备保护（项目编码041109007）

对已完工程及设备采取的覆盖、包裹、封闭、隔离等必要保护措施所发生的人工和材料费用。

7.1.2 单价措施项目

单价措施项目是指可以计算工程量的措施项目，以"量"计价，包括脚手架工程、混凝土模板及支架、围堰、便道及便桥、洞内临时设施、大型机械设备进出场及安拆，以及施工排水、降水，处理、监测、监控。

7.1.2.1 脚手架工程

脚手架工程是指施工现场为工人操作并解决垂直和水平运输而搭设的各种支架工程。按脚手架制作材料分通常有竹、木、钢管或合成材料等，其中钢管材料制作的脚手架有扣件式钢管脚手架、碗扣式钢管脚手架、承插式钢管脚手架、门式脚手架等。在《市政工程工程量计算规范》（GB 50857—2013）中脚手架工程含墙面脚手架、柱面脚手架、仓面脚手架、沉井脚手架、井字架，对应的清单项目编码依次为041101001~041101005。

7.1.2.2 混凝土模板及支架

混凝土模板及支架工程是指使现浇混凝土成型用的模具及支撑系统，模板及支架系统由模板、支撑件和紧固件组成。常用的模板包括木模板、定型组合模板、大型工具式的大模板、爬模、滑升模板、隧道模、台模（飞模、桌模）、永久式模板等。在计量规范中混凝土模板及支架分为垫层模板、基础模板（除原槽浇筑的垫层及基础外）、承台模板、墩（台）帽模板、墩（台）身模板、支撑梁及横梁模板、墩（台）盖梁模板、拱桥拱座模板、拱桥拱肋模板、箱梁模板等，对应的清单项目编码依次为041102001~041102040。

7.1.2.3　围堰

围堰是指在水工建筑工程建设中，为建造永久性构件或设施，修建的临时性围护结构。其作用是防止水和土进入建筑物的修建位置，以便在围堰内排水，开挖基坑，修筑建筑物，同时可以支撑基坑的坑壁。除部分围堰被作为正式建筑物的一部分外，一般情况围堰在用完后拆除。常见围堰有土石围堰、钢板桩围堰、混凝土围堰、双层薄壁钢围堰等。在计量规范中围堰包含围堰和筑岛两项，对应的清单项目编码依次为 041103001 ~ 041103002，如图 7-1 和图 7-2 所示。

图 7-1　钢板桩围堰

图 7-2　土石围堰

7.1.2.4　便道及便桥

便道及便桥是指为工程施工和运输需要而修建的临时性道路或桥梁。在计量规范中分为便道和便桥两项，对应的清单项目编码依次为041104001~041104002，如图7-3和图7-4所示。

图 7-3　施工便桥

图 7-4　施工便道

7.1.2.5　洞内临时设施

洞内临时设施是指为隧道等洞内施工工程需要而修建的临时性通风设施、临时性供水设施、临时性供电及照明设施、临时性通信设施、临时性洞内外轨道铺设。在计量规范中对应的清单项目编码依次为041105001~041105005。

7.1.2.6　大型机械设备进出场及安拆

大型机械设备安拆费包括施工机械、设备在现场进行安装拆卸所需人工、材料、机械和试运转费用，以及机械辅助设施的折旧、搭设、拆除等费用。

大型机械设备进出场费包括施工机械、设备整体或分体自停放地点运至施工现场，或由一施工地点运至另一施工地点所发生的运输、装卸、辅助材料等费用。在计量规范中对应的清单项目编码为041106001。

7.1.2.7　施工排水、降水

施工排水、降水是指为保证工程在正常条件下施工，所采取的排水、降水措施所发生的费用，包括管道安装、拆除、场内搬运等，抽水、值班、降水设备维修等费用。在计量规范中对应的清单项目编码依次为041107001~041107002，如图7-5和图7-6所示。

图7-5　井点降水

图7-6　集水井降水

7.1.2.8　处理、监测、监控

处理主要是指为保证工程在正常条件下施工，对地下管线交叉处理措施所发生的费用。监测、监控包括：对隧道洞内施工时可能存在的危害因素进行检测；对明挖法、暗挖法、盾构法施工的区域等进行周边环境监测；对明挖基坑围护结构体系进行监测；对隧道的围岩和支护进行监测；对盾构法施工进行监控测量等。在计量规范中对应的清单项目编码依次为041108001~041108002。

7.2　市政工程措施项目计量

《市政工程工程量计算规范》（GB 50857—2013）中将市政工程措施项目划分为两类：一类是单价措施项目，即可以计算工程量的措施项目，《市政工程工程量计算规范》（GB 50857—2013）中单价措施共有脚手架工程、混凝土模板及支架、围堰、便道及便桥、洞内临时设施、大型机械设备进出场及安拆、施工排水，以及降水，处理、监测、监控八个分部；另一类是总价措施项目，即不能计算工程量的措施项目，如安全文明施工、夜间施工和二次搬运等。编制单价措施工程量清单时，应采用分部分项工程量清单的方式编制，列出项目编码、项目名称、项目特征、计量单位、工程量。本节主要介绍单价措施项目计量及其工程量清单编制。

7.2.1 脚手架工程

7.2.1.1 墙面脚手架（项目编码041101001）

（1）工程量计算规则：按墙面水平边线长度乘以墙面高度计算，计量单位为"m^2"。

（2）项目特征：需描述墙高。

（3）工作内容：清理场地；搭设、拆除脚手架、安全网；材料场内外运输。

7.2.1.2 柱面脚手架（项目编码041101002）

（1）工程量计算规则：按柱结构外围周长乘以柱高度计算，以"m^2"计量。

（2）项目特征：需描述柱高，柱结构外围周长。

（3）工作内容：清理场地；搭设、拆除脚手架、安全网；材料场内外运输。

7.2.1.3 仓面脚手架（项目编码041101003）

（1）工程量计算规则：按仓面水平面积计算，以"m^2"计量。

（2）项目特征：需描述搭设方式，搭设高度。

（3）工作内容：清理场地；搭设、拆除脚手架、安全网；材料场内外运输。

7.2.1.4 沉井脚手架（项目编码041101004）

（1）工程量计算规则：按井壁中心线周长乘以井高计算，以"m^2"计量。

（2）项目特征：需描述沉井高度。

（3）工作内容：清理场地；搭设、拆除脚手架、安全网；材料场内外运输。

7.2.1.5 井字架（项目编码041101005）

（1）工程量计算规则：按设计图示数量计算，计量单位座。

（2）项目特征：需描述井深。

备注：各类井的井深按井底基础以上至井盖顶的高度计算。

（3）工作内容：清理场地；搭、拆井字架；材料场内外运输。

[**例7-1**] 某实心砖矩形柱，砌筑高度3m，设计断面尺寸为600mm×500mm。试计算该柱面脚手架工程量并编制工程量清单。

解：（1）计算工程量，见表7-1。

表7-1 工程量计算表

编码	名称	单位	计算式	计算结果
041101002001	柱面脚手架	m^2	(0.6+0.5)×2×3	6.6

（2）以"m^2"为单位编制工程量清单，见表7-2。

表 7-2 工程量清单

项目编码	项目名称	项目特征	计量单位	工程量
041101002001	1. 柱面脚手架	1. 柱高：3m； 2. 柱结构外围周长：2.2m	m²	6.6

7.2.2 混凝土模板及支架

7.2.2.1 垫层模板~承台模板（项目编码 041102001~041102003）

（1）工程量计算规则：按混凝土与模板接触面的面积计算，以"m²"计量。

（2）项目特征：需描述构件类型。

（3）工作内容：模板制作、安装、拆除、整理、堆放；模板粘接物及模内杂物清理、刷隔离剂；模板场内外运输及维修。

7.2.2.2 墩（台）帽模板~挡墙模板（项目编码 041102004~041102017）

（1）工程量计算规则：按混凝土与模板接触面的面积计算，以"m²"计量。

（2）项目特征：需描述构件类型，支模高度。

（3）工作内容：模板制作、安装、拆除、整理、堆放；模板粘接物及模内杂物清理、刷隔离剂；模板场内外运输及维修。

7.2.2.3 压顶模板~小型构件模板（项目编码 041102018~041102021）

（1）工程量计算规则：按混凝土与模板接触面的面积计算，以"m²"计量。

（2）项目特征：需描述构件类型。

（3）工作内容：模板制作、安装、拆除、整理、堆放；模板粘接物及模内杂物清理、刷隔离剂；模板场内外运输及维修。

7.2.2.4 箱涵滑板模板~箱涵顶板模板（项目编码 041102022~041102024）

（1）工程量计算规则：按混凝土与模板接触面的面积计算，以"m²"计量。

（2）项目特征：需描述构件类型，支模高度。

（3）工作内容：模板制作、安装、拆除、整理、堆放；模板粘接物及模内杂物清理、刷隔离剂；模板场内外运输及维修。

7.2.2.5 拱部衬砌模板~边墙衬砌模板（项目编码 041102025~041102026）

（1）工程量计算规则：按混凝土与模板接触面的面积计算，以"m²"计量。

（2）项目特征：需描述构件类型，衬砌厚度，拱跨径。

（3）工作内容：模板制作、安装、拆除、整理、堆放；模板粘接物及模内杂物清理、刷隔离剂；模板场内外运输及维修。

7.2.2.6 竖井衬砌模板（项目编码 041102027）

（1）工程量计算规则：按混凝土与模板接触面的面积计算，以"m²"计量。

（2）项目特征：需描述构件类型，壁厚。

（3）工作内容：模板制作、安装、拆除、整理、堆放；模板粘接物及模内杂物清理、刷隔离剂；模板场内外运输及维修。

7.2.2.7　沉井井壁（隔墙）模板~沉井顶板模板（项目编码041102028~041102029）

（1）工程量计算规则：按混凝土与模板接触面的面积计算，以"m²"计量。

（2）项目特征：需描述构件类型，支模高度。

（3）工作内容：模板制作、安装、拆除、整理、堆放；模板粘接物及模内杂物清理、刷隔离剂；模板场内外运输及维修。

7.2.2.8　沉井底板模板~池底模板（项目编码041102030~041102034）

（1）工程量计算规则：按混凝土与模板接触面的面积计算，以"m²"计量。

（2）项目特征：需描述构件类型。

（3）工作内容：模板制作、安装、拆除、整理、堆放；模板粘接物及模内杂物清理、刷隔离剂；模板场内外运输及维修。

7.2.2.9　池壁（隔墙）模板~池盖模板（项目编码041102035~041102036）

（1）工程量计算规则：按混凝土与模板接触面的面积计算，以"m²"计量。

（2）项目特征：需描述构件类型，支模高度。

（3）工作内容：模板制作、安装、拆除、整理、堆放；模板粘接物及模内杂物清理、刷隔离剂；模板场内外运输及维修。

7.2.2.10　其他现浇构件模板（项目编码041102037）

（1）工程量计算规则：按混凝土与模板接触面的面积计算，以"m²"计量。

（2）项目特征：需描述构件类型。

（3）工作内容：模板制作、安装、拆除、整理、堆放；模板粘接物及模内杂物清理、刷隔离剂；模板场内外运输及维修。

7.2.2.11　设备螺栓套（项目编码041102038）

（1）工程量计算规则：按设计图示数量计算，以"个"计量。

（2）项目特征：需描述螺栓套孔深度。

（3）工作内容：模板制作、安装、拆除、整理、堆放；模板粘接物及模内杂物清理、刷隔离剂；模板场内外运输及维修。

7.2.2.12　水上桩基础支架、平台（项目编码041102039）

（1）工程量计算规则：按支架、平台搭设的面积计算，以"m²"计量。

（2）项目特征：需描述位置；材质；桩类型。

（3）工作内容：支架、平台基础处理；支架、平台的搭设、使用及拆除；材料场内外运输。

7.2.2.13　桥涵支架（项目编码041102040）

（1）工程量计算规则：以立方米计量，按支架搭设的空间体积计算，以"m³"计量。

（2）项目特征：需描述部位；材质；支架类型。

（3）工作内容：支架地基处理；支架的搭设、使用及拆除；支架预压；材料场内外运输。

[**例 7-2**] 某现浇钢筋混凝土矩形柱，柱高 9m，设计断面尺寸为 600mm×600mm，柱模板采用组合钢模板，钢支撑。

试计算该柱模板工程量并编制工程量清单。

解：（1）计算工程量，见表 7-3。

表 7-3 工程量计算表

编码	名称	单位	计算式	计算结果
041102012001	柱模板	m²	0.6×4×9	21.9

（2）以"m²"为单位编制工程量清单，见表 7-4。

表 7-4 工程量清单

项目编码	项目名称	项目特征	计量单位	工程量
041102012001	柱模板	1. 支模高度：9m； 2. 材质：组合钢模板	m²	21.9

[**例 7-3**] 某桥梁扩大基础示意图如图 7-7 所示，采用现浇混凝土浇筑，基础模板采用木模板。

试计算该桥梁扩大基础模板工程量并编制工程量清单（单位：m²）。

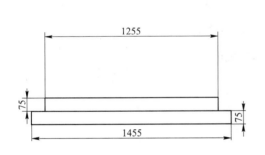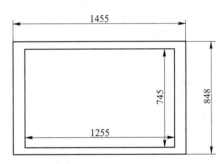

图 7-7 某桥梁扩大基础示意图

解：（1）计算工程量，见表 7-5。

表 7-5 工程量计算表

编码	名称	单位	计算式	计算结果
041102002001	基础模板	m²	(14.55+8.48)×0.75×2+ (12.55+7.45)×0.75×2	64.545

（2）以"m²"为单位编制工程量清单，见表 7-6。

表 7-6 工程量清单

项目编码	项目名称	项目特征	计量单位	工程量
041102002001	基础模板	1. 构件类型：基础； 2. 材质：木模板	m²	64.55

[**例7-4**]　某桥梁桥墩示意图如图7-8所示，采用现浇混凝土浇筑，模板采用木模板，全桥共计24个桥墩。

试计算该桥梁桥墩模板工程量并编制工程量清单（单位：m²）。

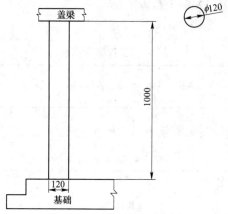

图7-8　某桥梁桥墩示意图

解：（1）计算工程量，见表7-7。

表7-7　工程量计算表

编码	名称	单位	计算式	计算结果
041102005001	桥墩模板	m²	3.14×1.2×10×24	904.32

（2）以"m²"为单位编制工程量清单，见表7-8。

表7-8　工程量清单

项目编码	项目名称	项目特征	计量单位	工程量
041102005001	桥墩模板	1. 构件类型：桥墩； 2. 支模高度：10m； 3. 材质：木模板	m²	904.32

[**例7-5**]　某桥梁盖梁示意图如图7-9所示，采用现浇混凝土浇筑，支架搭设高度10m，采用满堂式钢管架，全桥共8个盖梁。

试计算该桥盖梁所需支架搭设工程量并编制工程量清单（单位：m³）。

扫码查看
例题讲解

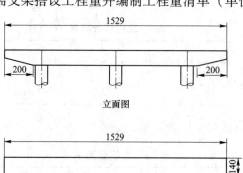

图7-9　某桥梁盖梁示意图

解：（1）计算工程量，见表7-9。

表7-9 工程量计算表

编码	名称	单位	计算式	计算结果
041102040001	盖梁支架搭设	m³	15. 29×1. 4×10×8	1712. 48

（2）以"m³"为单位编制工程量清单，见表7-10。

表7-10 工程量清单

项目编码	项目名称	项目特征	计量单位	工程量
041102040001	盖梁支架搭设	1. 部位：盖梁； 2. 支架类型：满堂式； 3. 材质：钢管	m³	1712. 48

7.2.3 围堰

7.2.3.1 围堰（项目编码041103001）

（1）工程量计算规则：以"m³"计量，按设计图示围堰体积计算；以"m"计量，按设计图示围堰中心线长度计算。

（2）项目特征：需描述围堰类型；围堰顶宽及底宽；围堰高度；填心材料。

（3）工作内容：清理基底；打、拔工具桩；堆筑、填心、夯实；拆除清理；材料场内外运输。

7.2.3.2 筑岛（项目编码041103002）

（1）工程量计算规则：按设计图示筑岛体积计算，以"m³"计量。

（2）项目特征：需描述筑岛类型；筑岛高度；填心材料。

（3）工作内容：清理基底；堆筑、填心、夯实；拆除清理。

7.2.4 便道及便桥

7.2.4.1 便道（项目编码041104001）

（1）工程量计算规则：按设计图示尺寸以面积计算，以"m²"计量。

（2）项目特征：需描述结构类型；材料种类；宽度。

（3）工作内容：平整场地；材料运输、铺设、夯实；拆除、清理。

7.2.4.2 便桥（项目编码041104002）

（1）工程量计算规则：按设计图示数量计算，以"座"计量。

（2）项目特征：需描述结构类型；材料种类；跨径；宽度。

（3）工作内容：清理基底；材料运输、便桥搭设；拆除、清理。

7.2.5 洞内临时设施

7.2.5.1 洞内通风设施~洞内通信设施（项目编码041105001~041105004）

（1）工程量计算规则：按设计图示隧道长度以延长米计算，以"m"计量。

（2）项目特征：需描述单孔隧道长度；隧道断面尺寸；使用时间；设备要求。

（3）工作内容：管道铺设；线路架设；设备安装；保养维护；拆除、清理；材料场内外运输。

7.2.5.2 洞内外轨道铺设（项目编码 041105005）

（1）工程量计算规则：按设计图示轨道铺设长度以延长米计算，以"m"计量。

（2）项目特征：需描述单孔隧道长度；隧道断面尺寸；使用时间；轨道要求。

（3）工作内容：轨道及基础铺设；保养维护；拆除、清理；材料场内外运输。

7.2.6 大型机械设备进出场及安拆

大型机械设备进出场及安拆（项目编码 041106001）。

（1）工程量计算规则：按使用机械设备的数量计算，以"台·次"计量。

（2）项目特征：需描述机械设备名称；机械设备规格型号。

（3）工作内容：安拆费包括施工机械、设备在现场进行安装拆卸所需人工、材料、机械和试运转费用以及机械辅助设施的折旧、搭设、拆除等费用；进出场费包括施工机械、设备整体或分体自停放地点运至施工现场或由一施工地点运至另一施工地点所发生的运输、装卸、辅助材料等费用。

[例 7-6]　某道路土方工程采用 1 台液压履带式挖掘机（斗容量 1.25m³）挖土，1 台振动压路机（15t）回填碾压。

试编制该土方工程大型机械设备进出场及安拆费的工程量清单。

解：（1）计算工程量，见表 7-11。

表 7-11　工程量计算表

编码	名称	单位	计算式	计算结果
041106001001	挖掘机	台·次	1	1
041106001002	压路机	台·次	1	1

（2）以"台·次"为单位编制工程量清单，见表 7-12。

表 7-12　工程量清单

项目编码	项目名称	项目特征	计量单位	工程量
041106001001	挖掘机	1. 机械设备名称：履带式挖掘机； 2. 机械设备型号：斗容量 1.25m³	台·次	1
041106001002	压路机	1. 机械设备名称：振动压路机； 2. 机械设备型号：15t	台·次	1

[例 7-7]　某悬索桥梁塔身共计 2 座，高度均为 18m，采用现浇混凝土浇筑，每座塔身使用塔式起重机（8t），塔式起重机的混凝土基础为采用 C30 商品混凝土，工程量为 12m³。

试编制该工程背景下大型机械设备进出场及安拆费的工程量清单。

解：（1）计算工程量，见表7-13。

表 7-13　工程量计算表

编码	名称	单位	计算式	计算结果
041106001001	起重机	台·次	2	2

（2）以"台·次"为单位编制工程量清单，见表7-14。

表 7-14　工程量清单

项目编码	项目名称	项目特征	计量单位	工程量
041106001001	起重机	1. 机械设备名称：塔式起重机； 2. 机械设备型号：8t	台·次	2

7.2.7　施工排水、降水

7.2.7.1　成井（项目编码041107001）

（1）工程量计算规则：按设计图示尺寸以钻孔深度计算，以"m"计量。

（2）项目特征：需描述成井方式；地层情况；成井直径；井（滤）管类型、直径。

（3）工作内容：准备钻孔机械、埋设护筒、钻机就位；泥浆制作、固壁；成孔、出渣、清孔等；对接上、下井管（滤管），焊接，安放，下滤料，洗井，连接试抽等。

7.2.7.2　排水、降水（项目编码041107002）

（1）工程量计算规则：按排水、降水日历天数计算，以"昼夜"计量。

（2）项目特征：需描述机械规格型号；降排水管规格。

（3）工作内容：管道安装、拆除、场内搬运等；抽水、值班、降水设备维修等。

[例 7-8]　某市政工程采用轻型井点降低地下水位（见图7-10），降水管深7m，井点间距1.2m，降水记录见表7-15。

试计算该轻型井点降水工程工程量并编制工程量清单。

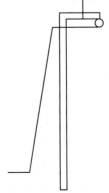

图 7-10　某工程轻型井点示意图

表 7-15   某工程 9 月份降水记录

日期	9月1日	9月2日	9月3日	9月4日	9月5日	9月6日	9月7日	9月8日	9月9日	9月10日	9月11日	9月12日	9月13日	9月14日	9月15日
降水时间/h	21.5	20	22.5	19	20	21.5	22	17.5	20.5	21	21	22	20	21.5	18.5
日期	9月16日	9月17日	9月18日	9月19日	9月20日	9月21日	9月22日	9月23日	9月24日	9月25日	9月26日	9月27日	9月28日	9月29日	9月30日
降水时间/h	20	21	21	22	21	20.5	20.5	21	18	18.5	19.5	20	18.5	19	20

解：（1）计算工程量，见表 7-16。

表 7-16   工程量计算表

编码	名称	单位	计算式	计算结果
041107002001	轻型井点降水	昼夜	(21.5+20+22.5+19+20+21.5+22+17.5+ 20.5+21+21+22+20+21.5+18.5+20+21+ 21+22+21+20.5+20.5+21+18+18.5+ 19.5+20+18.5+19+20)÷24	25.38

（2）以"昼夜"为单位编制工程量清单，见表 7-17。

表 7-17   工程量清单

项目编码	项目名称	项目特征	计量单位	工程量
041107002001	轻型井点降水	1. 降水方式：轻型井点； 2. 机械规格型号、规格： 投标人自行考虑	昼夜	25.38

7.2.8   处理、监测、监控

7.2.8.1   地下管线交叉处理（项目编码 041108001）

（1）工程量计算规则：以"项"计量。

（2）项目特征：需结合具体情况描述。

（3）工作内容：悬吊；加固；其他处理措施。

7.2.8.2   施工监测、监控（项目编码 041108002）

（1）工程量计算规则：以"项"计量。

（2）项目特征：需结合具体情况描述。

（3）工作内容：对隧道洞内施工时可能存在的危害因素进行检测；对明挖法、暗挖法、盾构法施工的区域等进行周边环境监测；对明挖基坑围护结构体系进行监测；对隧道的围岩和支护进行监测；盾构法施工进行监控测量。

7.3 市政工程单价措施项目计价

在市政工程单价措施项目工程量清单编制完善的基础上，结合《四川省建设工程工程量清单计价定额——市政工程》（以下简称《计价定额》），进行工程量清单综合单价计算，计算步骤如下。

7.3.1 套用定额

根据上述编制完善的工程量清单某措施项目特征描述，正确选择定额是计算清单综合单价的基础。一个清单项目可能套用一个或多个定额，套用定额时要注意定额的基价所包含费用是否与清单项目的项目特征描述相吻合，做到清单计价时对其项目特征描述不重复、不遗漏，以便计算出合理的综合单价。

例如，水泥混凝土路面清单项目的项目特征包括混凝土强度等级、刻防滑槽、伸缝、缩缝、锯缝、嵌缝、路面养护等内容，套用定额时应考虑包含这些特征描述内容的定额，即会有两个或两个以上定额需套用。

当某分项工程采用的材料、施工方法、工作内容等与定额条件一致，则可直接套用定额。

当设计要求与定额的工程内容、材料规格或施工方法等条件与定额不一致时，所有套用定额前须认真阅读定额说明，明确定额的适用条件和换算规则。如对混凝土强度、砂浆强度、碎石规格等是否加以调整换算，或定额对某些情况采用乘系数进行调整等。

定额换算一般有以下几种情况：

（1）按定额说明规定的乘系数换算；

（2）把定额中的某种材料替换成实际使用的材料换算；

（3）砂浆强度、混凝土强度换算、无机结合料配合比换算等。

7.3.2 计算定额工程量

根据定额工程量计算规则计算所套用的定额工程量。计算时，要注意定额规则与清单规则的对比，大部分情况下，定额工程量计算规则与清单工程量计算规则是一致的，但也有部分工程量计算规则不统一的情况，计算时要注意区别。例如，排水管道铺设长度的计算中，清单工程量计算规则是按设计图示中心线长度以延长米计算，不扣除附属构筑物、管件、阀门等所占长度；而定额工程量计算规则是管道长度按平面图的井距长度（中-中），减去井室净空及其他构筑物所占的长度计算。两者工程量的差别在于检查井等的扣除问题。

7.3.3 人工费、材料费、机械费调整

人工费调整根据当期人工费调整的政策性文件执行。材料单价结合当期工程所在地信息价执行，若无信息价按市场价执行。机械费调整根据当期机械费调整的政策性文件执行。

7.3.4 计算清单综合单价

将清单项目下套用的所有定额分别进行定额工程量乘以调整后的定额基价，再合计汇总，将定额汇总值除以清单工程量，即完成计算清单综合单价。其计算公式为：

$$清单综合单价 = \frac{\sum 定额工程量 \times 调整后定额基价}{清单工程量} \tag{7-1}$$

7.3.5　脚手架工程

7.3.5.1　定额说明

（1）凡砖砌体高度大于 1.35m，石砌体及混凝土工程高度大于 1m，均应计算脚手架。

（2）脚手架定额系综合考虑，斜道、上料平台、安全网等已包括在定额内，不再另行计算。

（3）本措施项目是按扣件式钢管脚手架进行编制的，若实际采用木制、竹制的，按相应定额项目乘以表 7-18 系数。

表 7-18　木制、竹制脚手架调整系数

单排 不大于 15m 外脚手架	双排不大于 24m 外脚手架		简易脚手架		木制满堂脚手架		竹制满堂脚手架	
木制	木制	竹制	木制	竹制	基本层	增加层	基本层	增加层
0.77	0.92	0.78	0.68	0.61	0.59	0.85	0.52	0.64

7.3.5.2　定额工程量计算规则

（1）单排、双排及简易脚手架按构筑物立面垂直投影面积以"m²"计算，穿过构筑物的孔洞、过道等面积均不扣除，高度由构筑物基础顶算至构筑物顶。

（2）非独立构筑物（如堡坎、护坡、沟墙等），砌筑工程按实砌长度乘以实砌高度以"m²"计算。高度大于 3.50m 时，执行单排脚手架项目；高度不大于 3.50m 时，执行简易脚手架定额项目；现浇混凝土工程执行双排脚手架定额项目。

（3）独立构筑物（如桥墩、现浇混凝土检查井、沉井及水处理构筑物中的混凝土井、池等）执行双排脚手架定额项目。高度不大于 3.60m 时，按构筑物底面外周长乘以实砌高度以"m²"计算；高度大于 3.60m 时，按构筑物底面外周长加 3.60m 乘以实砌高度以"m²"计算。

（4）构筑物中有隔墙需搭设脚手架的，按施工组织设计计算。

（5）砖砌窨井深度大于 1.50m 时，按简易脚手架项目的 1/2 计算脚手架费用，其工程量按窨井外周长乘以井深以"m²"计算，井深从井底计算至井盖顶。

（6）满堂脚手架按搭设的水平投影面积计算。

（7）浇筑大面积的钢筋混凝土池底需搭设脚手架时，按满堂脚手架的 1/3 计算。

（8）人行天桥、立交桥、地下通道的顶面装修高度大于 4.50m 时，按满堂脚手架的 1/2 计算。

（9）浇筑短边大于 2m 的桥梁基础、承台需搭设脚手架时，按基础、承台结构的水平投影面积计算，套用满堂脚手架中的增高定额以"m²"计算。

（10）浇筑混凝土垫层不计脚手架。

[**例 7-9**]　某构筑物立面垂直投影面积为 120m²，砌筑高度 3m（见表 7-19），采用扣件式钢管单排脚手架试计算该构筑物脚手架综合单价（一般计税模式调整办法，材料价按招标控制价编制当期工程造价信息计取，无信息价采取市场价；人工费调整按招标控制价编制当期四川省建设工程造价管理总站颁布相关文件执行）。

扫码查看
例题讲解

表 7-19 分部分项工程量清单

项目编码	项目名称	项目特征	计量单位	工程量
041101001001	单排脚手架	1. 高度：3m； 2. 材质：扣件式钢管	m²	120

解： 依据《计价定额》确定综合单价，具体如下。

（1）定额工程量＝清单工程量＝120m²。

（2）定额选择。依据项目特征选择 20 定额 DL0002 单排脚手架高度不大于 4m，基价为 9.9261 元/m²。其中，人工费 3.9588 元/m²，材料费 4.7148 元/m²，机械费为 0.2574 元/m²，综合费 0.9951 元/m²。

1）人工费调整。按四川省建设工程造价管理总站发布的文件规定，当期的人工费调整系数为 10.55%。

调整后人工费＝3.9588×（1+10.55%）＝4.3764（元/m²）。

2）材料费调整。由定额 DL0002 可知，使用的材料有锯材综合、脚手架钢材及其他材料费。

锯材综合材料价调整，锯材综合定额消耗量为 0.0022 m³/m²，锯材综合当期不含税信息价 1200 元/m³。调价后锯材综合实际费用＝0.0022×1200＝2.64（元/m²）。

脚手架钢材材料价调整，脚手架钢材定额消耗量为 0.2019kg/m²，脚手架钢材当期不含税信息价为 5 元/kg。调价后脚手架钢材实际费用＝0.2019×5＝1.0095（元/m²）。

其他材料费不调整，为 0.139 元/m²。

材料费合计＝2.64+1.0095+0.139＝3.7885（元/m²）。

3）机械费调整。汽油价格调整，查定额该子目汽油消耗量为 0.02812L/m²，汽油定额单价为 6.5 元/L，题目已知汽油不含税价格为 7.89 元/L。调整后机械费＝0.2574+（7.89-6.5）×0.02812＝0.2965（元/m²）。

4）综合费按规定编制招标控制价时不调整。

（3）调整后单排脚手架定额单价＝4.3764+3.7885+0.2964868+0.9951＝9.456（元/m²）。

（4）单排脚手架清单综合单价＝（9.456×120）÷120＝9.46（元/m²）。

将单排脚手架综合单价填入招标工程量清单并计算合价，得单排脚手架项目计价表，见表 7-20。其中定额人工费＝3.4395×120＝412.74（元）。

表 7-20 分部分项清单计价表

序号	项目编码	项目名称	项目特征描述	计量单位	工程量	金额/元			
						综合单价	合价	其　中	
								定额人工费	暂估价
1	041101002001	单排脚手架	1. 高度：3m； 2. 材质：扣件式钢管	m²	120	9.46	1134.72	412.74	

7.3.6 混凝土模板及支架

7.3.6.1 定额说明

现浇混凝土构件的模板是按钢模、木模、复合模板及目前的施工技术和方法编制的。复合模板项目适用于木、竹胶合板及复合纤维板等品种的复合模板。

A 桥涵工程

（1）现浇弧形墙按直墙定额计算。其中，定额人工费乘以系数 1.20，材料乘以系数 1.40。

（2）现浇弧形梁、板按相应的梁和板定额项目计算。其中，人工乘以系数 1.20，材料乘以系数 1.40。

（3）当空心板梁、箱梁的芯模无法拆除时，按无法拆除模板的构件工程量，每 $10m^2$ 增加锯材 $0.3m^3$。

（4）现浇混凝土桥板、梁、拱涵模板未包括底模支架，支架的搭拆另按相应定额项目计算，同时扣除底模的摊销卡具和支撑钢材消耗量。

（5）支架定额中未包括地基处理，另按相应定额项目计算。

（6）满堂式钢管支架、型钢支架定额中包括搭拆、运输的费用，支架的使用费另行计算。支架的使用数量包含上托、下托及扣件。

（7）型钢支架由上部平台和下部支墩两部分组成，上部平台指支墩顶以上部分，下部支墩指支墩顶以下部分。

（8）采用碗扣式钢管搭设型钢支架下部支墩时，套用满堂钢管支架定额，定额乘以系数 2.0。

（9）简易吊架定额项目适用于现浇横隔板及接缝等。

（10）挂篮定额项目适用于采用挂篮式支架分段浇筑的悬臂梁桥。

（11）单导梁、双导梁、跨墩门架安装构件工作内容还应包括地箍埋设、拆除，扒杆、导梁、跨墩门架纵移、过墩，以及安全防护的装拆和移动、过墩。

（12）单导梁、双导梁、跨墩门架设备摊销费是按每吨每月 110 元，并按使用四个月编制的。若使用时间与使用摊销费不同时，允许调整。

（13）导梁全套金属设备的参考质量见表 7-21。

表 7-21 导梁全套金属设备参考质量表

标准跨距/m	13	16	20	25	30	40	50
单导梁/t	4.35	46.2	53.1	—	—	—	—
双导梁/t	—	—	—	115.7	130.0	165.0	200.0

（14）跨墩门架金属设备一套（两个）的参考质量见表 7-22。

表 7-22 跨墩门架金属设备参考质量表

门架高/m		9	12	16
跨径/m	20.0	29.7	43.9	—
	30.0	35.2	52.5	73.9

（15）移动模架金属设备的参考质量见表7-23。

表 7-23　移动模架金属设备参考质量表

箱梁跨径/m		30~40	40~50	50~60	60~65
移动模架设备 质量/t	上行式	500	660	900	1400
	下行式	450	600	800	1100

（16）悬浇箱梁用的墩顶拐角门架执行高度不大于9m的跨墩门架定额。

（17）预制场中大型预制构件底座定额综合考虑了底座基层的修筑、底模板系统的制作及安装、拆除等消耗，使用定额式不应再另行计算。

（18）本册定额中现浇模板、支架提升高度按原地面标高至底梁标高以10m为界编制。若提升高度超过10m，项目按提升高度不同，全桥划分为若干段，模板以超高段承台顶面以上高度，支架以原地面标高以上提升高度，按表7-24分段调整相应定额中的人工及机械计算超高费；若提升高度超过35m，按标准的专项施工方案另行计取。

表 7-24　模板、支架超高调整系数表

提升高度 h/m	人工费系数		机械费系数	
	模板	支架	模板	支架
$h \leqslant 15$	1.08	1.03	1.25	1.10
$h \leqslant 25$	1.20	1.05	1.60	1.20
$h \leqslant 35$	1.30	1.15	1.70	1.40

B　管网工程

（1）现浇混凝土沟盖板定额中已包括支架，不另计算。

（2）现浇混凝土沟、涵、渠道弧形墙按侧墙定额计算，其中弧形部分的工程量人工乘以系数1.20，材料乘以系数1.40。

（3）现浇封闭式电缆隧道，其墙、盖按现浇混凝土沟渠模板相应定额项目执行。其中，材料乘以系数1.25。

C　水处理构筑物

水处理构筑物的现浇混凝土梁、板、墙的模板，支模高度是按3.6m考虑的，超过3.6m时，超过部分的工程量另按"支模高度大于3.6m，每增1m"的定额项目计算。

D　道路工程

水泥混凝土路面定额按纵缝为平缝考虑。若设计为企口缝时，其人工乘以系数1.01，锯材及铁件消耗量乘以系数1.05。

7.3.6.2　定额工程量计算规则

A　桥涵工程模板及支架

（1）楼梯模板按楼梯水平投影面积以"m²"计算。其他按模板与混凝土接触面积以"m²"计算，混凝土墙、板上单孔面积不大于0.3m²的孔洞不予扣除，洞侧壁模板亦不增加；单孔面积大于0.3m²时，应予扣除，洞侧壁模板面积并入墙、板模板工程量内计算。

（2）满堂式支架按桥梁立面面积乘以（桥宽+2m）的空间体积以"m³"计算，桥梁立面面积按桥梁净跨径乘以平均高度计算。

（3）型钢支架上部平台按支架搭设的空间体积以"m³"计算；下部支墩采用型钢搭设时，按搭设的型钢质量以"t"计算；采用碗扣式钢管搭设支墩时，按搭设体积以"m³"计算。

（4）支架的使用费单价（t·d）执行施工当期《四川工程造价信息》价格，信息中没有的，由发、承包双方签证计算。每立方米空间体积的支架质量按施工组织设计计算，施工组织设计无明确规定的分别按以下规定计算：

1）满堂钢管支架采用碗扣式钢管搭设支架时，按每立方米空间体积30kg计算，采用扣件式钢管搭设支架时，按每立方米空间体积40kg计算，定额工料机不做调整；

2）型钢支架上部平台按每立方米空间体积150kg计算；

3）碗扣式钢管搭设型钢支架下部支墩按每立方米空间体积75kg计算。

（5）拱盔按起拱线以上弓形立面积乘以（桥宽+2m）的空间体积以"m³"计算。

（6）单导梁、双导梁、跨墩门架按搭拆的设备质量以"t"计算，但设备质量不包括列入材料部分的铁丝、钢丝绳、道钉、铁件等。

（7）简易吊架按搭设长度以"m"计算。

（8）挂篮重量按设计要求确定，制作、安拆按搭设质量以"t"计算，推移按挂篮质量乘以距离以"t·m"计算。

（9）支架堆载预压工程量按支架承载的梁体设计质量乘以1.10系数以"t"计算。

（10）大型预制构件底座分为平面底座和曲面底座两项。

1）平面底座定额适用于T形梁、I形梁、等截面箱梁，每块梁底座面积的计算公式为：

$$底座面积 = （梁底 + 2.00m） \times （梁宽 + 1.00m） \tag{7-2}$$

2）曲面底座定额适用于底座为曲面的箱形梁（如T形钢构等），每块梁底座面积的计算公式为：

$$底座面积 = 构件下弧长 \times 底座实际修建宽度 \tag{7-3}$$

3）平面底座的梁宽是指预制梁的顶面宽度。

（11）移动模架的质量包括托架（牛腿）、主梁、鼻梁、横梁、吊架、工作平台及爬梯的质量，不包括液压构件和内外模板（含模板支撑系统）的质量。

B　管网工程模板

现浇混凝土模板按模板与混凝土接触面积以"m²"计算，混凝土墙、板上单孔面积不大于0.3m²的孔洞不予扣除，洞侧壁模板亦不增加；单孔面积大于0.3m²时，应予扣除，洞侧壁模板面积并入墙、板模板工程量内计算。

C　水处理工程模板

（1）现浇混凝土模板按模板与混凝土接触面积以"m²"计算，混凝土墙、板上单孔面积不大于0.3m²的孔洞不予扣除，洞侧壁模板亦不增加；单孔面积大于0.3m²时，应予扣除，洞侧壁模板面积并入墙、板模板工程量内计算。

（2）设备基础螺栓套孔以"个"计算。

D 道路工程模板

（1）现浇混凝土道路模板按设计道路混凝土面积以"m²"计算，应扣除面积大于 0.3m² 的各种占位面积。

（2）其他现浇混凝土按模板与混凝土接触面积以"m²"计算，单孔面积不大于 0.3m² 的孔洞不予扣除，洞侧壁模板亦不增加；单孔面积大于 0.3m² 时，应予扣除，洞侧壁面积并入模板工程量内计算。

[**例 7-10**] 某拱桥桥墩采用现浇混凝土浇筑，模板采用木模板，桥墩模板工程量为 904.32m²，见表 7-25。

试计算该拱桥桥墩模板综合单价（按规范清单计价（2020 定额）一般计税模式调整办法，材料价按招标控制价编制当期成都市工程造价信息计取，无信息价采取市场价；人工费调整按招标控制价编制当期四川省建设工程造价管理总站颁布相关文件执行）。

表 7-25　分部分项工程量清单

项目编码	项目名称	项目特征	计量单位	工程量
041102005001	桥墩模板	1. 构件类型：桥墩； 2. 材质：木模板	m²	904.32

解：依据《计价定额》确定综合单价，具体如下。

（1）定额工程量 = 清单工程量 = 904.32m²。

（2）定额选择。依据项目特征选择定额 DL0030 混凝土墩（台）身拱桥桥墩（木模板），基价为 61.757 元/m²。其中，人工费 26.247 元/m²，材料费 25.605 元/m²，机械费为 3.002 元/m²，综合费 6.903 元/m²。

1）人工费调整。按四川省建设工程造价管理总站发布的文件规定，当期的人工费调整系数为 10.55%。

调整后人工费 = 26.247×(1+10.55%) = 29.016(元/m²)。

2）材料费调整。由定额 DL0030 可知，使用的材料有锯材综合、铁件、摊销卡具和支撑钢材及其他材料费。

锯材综合材料价调整，锯材综合定额消耗量为 0.012m³/m²，锯材综合当期不含税信息价 1200 元/m³。调价后锯材综合实际费用 = 0.012×1200 = 14.4（元/m²）。

铁件材料价调整，铁件定额消耗量为 1.158kg/m²，脚手架钢材当期不税信息价为 5.39 元/kg。调价后水实际费用 = 1.158×5.39 = 6.242(元/m²)。

其他材料费不需调整，为 0.399 元/m²。

材料费合计 = 14.4+6.242+0.399 = 21.041(元/m²)。

3）机械用柴油价格调整。查定额该子目柴油消耗量为 0.2193L/m²，柴油定额单价为 6 元/L，题目已知柴油不含税价格为 6.85 元/L。调整后机械费 = 3.002+(6.85-6)× 0.2193 = 3.1884(元/m²)。

4）综合费按规定编制招标控制价时不调整。

（3）调整后单排脚手架定额单价 = 29.016+21.041+3.1884+6.903 = 60.1484(元/m²)。

（4）单排脚手架清单综合单价＝（60.1484×904.32）÷904.32＝60.15（元/m²）。

将单排脚手架综合单价填入招标工程量清单并计算合价，得单排脚手架项目计价表，见表7-26。其中，定额人工费＝26.247×904.32＝23753.69（元）。

表 7-26   分部分项清单计价表

序号	项目编码	项目名称	项目特征描述	计量单位	工程量	综合单价	合价	定额人工费	暂估价
							金额/元		
								其　　中	
1	041101002001	单排脚手架	1. 高度：3m； 2. 材质：扣件式钢管	m²	904.32	60.15	54393.40	23753.69	

7.3.7   围堰

7.3.7.1   定额说明

（1）围堰工程未包括施工期发生潮汛冲刷后所需的养护工料，发生时另行处理。

（2）围堰工程如超过50m范围以外的土石方运输时，按本定额"A 土石方工程"相应增运距项目执行。

（3）如使用麻袋、草袋装土围堰时，执行编织袋围堰定额，但需按麻袋、草袋的规格换算每100m³用量后，调整总的材料价差，人工费、机械费及其他材料消耗仍按定额执行。

（4）深度不小于3m时的竹笼围堰，需要打桩固定竹笼时，打桩固定费用另计。

7.3.7.2   定额工程量计算规则

（1）以体积计算的围堰，工程量按围堰地施工断面乘以围堰中心线长度，以"m³"计算。

（2）以长度计算的围堰，工程量按围堰中心线长度，以"延长米"计算。

（3）围堰高度按施工期内最高临水面加0.5m计算。

7.3.8   便道及便桥

7.3.8.1   定额说明

（1）便道按施工组织设计套用相应定额项目。

（2）便桥分汽车便桥、人行便桥及钢板便桥，按施工组织设计执行相应定额项目，其中使用桁架搭设汽车便桥时，执行型钢支架定额，型钢支架上铺设钢板时，每100m³平台增加钢板460kg，人工费、机械费乘以系数1.10。

（3）钢板便桥仅供上口不大于2m的直槽上使用。

（4）轨道铺设按施工组织设计套用相应定额项目。

7.3.8.2   定额工程量计算规则

（1）施工便桥按"座"计算。

（2）轨道铺设按铺设长度以"m"计算。

（3）栈桥铺设长度按施工组织设计以"延长米"计算。

7.3.9 洞内临时设施

7.3.9.1 定额说明

（1）定额适用于岩石隧道洞内施工所用的通风、供水、供风、照明、动力管线以及轻便轨道线路的临时性工程。

（2）定额按年摊销量计算，施工时间不足一年按"一年内"计算，超过一年按"每增一季度"增加，不足一季度按一季度计算。

（3）定额临时风水钢管、照明线路、轻便轨道均按单线设计考虑。若经批准的施工组织设计为双排时，工程量应按双排计算。

（4）洞长在200m以内的短隧道，一般不考虑洞内通风。若经批准的施工组织设计要求必须通风时，按定额规定计算。

7.3.9.2 定额工程量计算规则

（1）洞长以洞口断面为起止点按主洞加支洞的长度之和计算，明槽不计入洞长。

（2）洞内通风按洞长长度计算。

（3）粘胶布通风筒按每一洞口施工长度减20m，以长度计算。

（4）风、水钢管按洞长加100m，以长度计算。

（5）照明线路按洞长长度计算。

（6）动力线路按洞长加50m，以长度计算。

（7）轻便轨道以批准的施工组织设计所布置的起、止点为准，对所设置的道岔，每处按相应轨道折合30m，以长度计算。

7.3.10 现场施工围挡

7.3.10.1 定额说明

（1）市政工程安全文明施工费中已包括对施工现场的围护所发生的围挡费用。但出现以下情况之一时，所增加的施工现场维护所发生的围挡费用另行计算。

1）根据交通组织方案，为满足社会车辆、行人通行，需要在施工现场二次或多次设置围挡时，所增加的施工现场围挡费用另行计算。

2）设置施工现场的围护所发生的围挡费用超过定额安全文明施工基本费的40%时，超过部分的施工现场围挡费用另行计算。

（2）施工围挡的计列。

1）在编制市政工程工程量清单、招标控制价时，根据工程实际情况和交通组织方案，为满足社会车辆、行人通行，需要在施工现场二次或多次设置围挡，以及根据常规的施工方案设置的施工现场围挡费用超过定额安全文明施工基本费40%时，应在措施项目中单独列项和计算所增加的施工现场围挡费用。

2）在投标报价时，投标人根据招标文件的要求，结合投标施工组织设计，在措施项目中自主报价。

3）在编制竣工结算时，施工现场二次或多次设置围挡，以及根据批准的施工方案设置的施工现场围挡费用超过定额安全文明施工基本费的 40%时，所增加的施工现场围挡费用按约定另行计算。

7.3.10.2 定额工程量计算规则

施工围挡按长度乘以高度，以"m^2"计算面积，高度从围挡底算至围挡顶，混凝土底座不计入围挡高度。

7.4 市政工程总价措施项目计价

7.4.1 安全文明施工费

安全文明施工费不得作为竞争性费用。环境保护费、文明施工、安全施工、临时设施费分基本费、现场评价费两部分计取，基本费为承包人在施工过程中发生的安全文明施工措施的基本保障费用，根据工程所在位置分别执行工程在市区时，工程在县城、镇时，工程不在市区、县城、镇时三种标准，其口径与城市维护建设税相同。现场评价费是指承包人执行有关安全文明施工规定，经发包人、监理人、承包人共同依据相关标准和规范性文件规定对施工现场承包人执行有关安全文明施工规定情况进行自评，并经住房城乡建设行政主管部门施工安全监督机构核定安全文明施工措施最终综合评价得分，由承包人自愿向安全文明施工费费率测定机构申请并经测定费率后获取的安全文明施工措施增加费。

（1）在编制设计概算、施工图预算、招标控制价时应足额计取，即安全文明施工费费率按基本费费率加现场评价费最高费率计列。其计算公式分别为：

$$环境保护费费率 = 环境保护基本费费率 \times 2 \qquad (7\text{-}4)$$
$$文明施工费费率 = 文明施工基本费费率 \times 2 \qquad (7\text{-}5)$$
$$安全施工费费率 = 安全施工基本费费率 \times 2 \qquad (7\text{-}6)$$
$$临时设施费费率 = 临时设施基本费费率 \times 2 \qquad (7\text{-}7)$$

（2）在编制投标报价时，应按招标人在招标文件中公布的安全文明施工费金额计取。

（3）安全文明施工费的竣工结算管理。

1）承包人向安全文明施工费费率测定机构申请测定费率，并出具《建设工程安全文明施工措施评价及费率测定表》的，按《建设工程安全文明施工措施评价及费率测定表》测定的费率计算；承包人未向安全文明施工费费率测定机构申请测定费率的，只能计取基本费。

如果因发包人原因造成施工安全监督机构未核定安全文明施工措施最终评价得分，承包人无法向安全文明施工费费率测定机构申请测定费率的，发包人、承包人可按发包人、监理人、承包人共同对施工现场承包人执行有关安全文明施工规定情况进行检查和评分的结果，测定安全文明施工费费率，在《建设工程安全文明施工措施评价及费率测定表》中确认并说明原因，作为结算依据。

2）对发包人直接发包的专业工程，未纳入总包工程现场评价范围，施工安全监督机构也未单独进行现场评价的，其安全文明施工费以发包人直接发包的工程类型，只能计取基本费。

3）对发包人直接发包的专业工程，纳入总包工程现场评价范围但未单独进行安全文明施工措施现场评价的，其安全文明施工费按该工程总承包人的《建设工程安全文明施工措施评价及费率测定表》测定的费率执行；纳入总包工程现场评价范围但该工程总承包人未测定安全文明施工费费率的，其安全文明施工费以该总承包工程类型计取基本费。

发包人直接发包工程的安全文明施工纳入总承包人统一管理的，总承包人收取相应项目安全文明施工费的40%。发包人在拨付专业工程承包人的安全文明施工费用时，应将其中的40%直接拨付总承包人。

（4）安全文明施工费结算费率的确定。

1）安全文明施工基本费费率。安全文明施工基本费费率依据《计价定额》相关章节规定确定。

2）安全文明施工现场评价费费率。安全文明施工现场评价费费率依据施工安全监督机构核定的安全文明施工最终综合评价得分、附件1规定确定。具体计算方法为：得分为80分者，现场评价费费率按基本费费率的40%计取；80分以上每增加1分，其现场评价费费率在基本费费率的基础上增加3%，中间值采用插入法计算，保留小数点后两位数字，第三位四舍五入。现场评价费费率计算公式为：

$$现场评价费费率 = 基本费费率 \times 40\% + 基本费费率 \times （最终综合评价得分 - 80） \times 3\%$$

$$(7\text{-}8)$$

3）最终综合评价得分低于70分（不含70分）的，只计取安全文明施工费中的临时设施基本费。

4）施工期间承包人发生一般及以上生产安全事故的，安全文明施工费中的安全施工费按应计费率的60%计取。

5）工地地面应做硬化处理而未做的，其安全文明施工费中的文明施工费按应计费率的60%计取。

6）房屋建筑与装饰工程、仿古建筑工程、绿色建筑工程、装配式房屋建筑工程、构筑物工程、市政工程、综合管廊工程、城市轨道交通工程安全施工费已包括施工现场安装和使用视频监控系统的费用以及专门的安全隐患排查等费用，如未安装和使用或经现场评价不符合《四川省住房和城乡建设厅关于开展建设工程质量安全数字化管理工作的通知》规定，或未按要求组织专门的安全隐患排查的，其安全文明施工费中的安全施工费按应计费率的75%计取。

7.4.2 其他总价措施项目费

夜间施工增加费、二次搬运费、冬雨季施工增加费、已完工程及设备保护费、工程定位复测费等其他总价措施项目费应根据拟建工程特点确定。

（1）编制招标控制价时，招标人应根据工程实际情况选择列项，按以下标准计取。

（2）编制投标报价时，投标人应按照招标人在总价措施项目清单中列出的项目和计算基础自主确定相应费率并计算措施项目费。

（3）编制竣工结算时，其他总价措施项目费应根据合同约定的金额计算，发、承包双方依据合同约定对其他总价措施项目费进行了调整的，应按调整后的金额计算。

————— **本 章 小 结** —————

（1）本章主要介绍措施项目的分类及其计量与计价方法。

（2）措施项目分为总价措施项目和单价措施项目。总价措施项目按照基数乘以对应费率进行计取，单价措施项目按照工程量乘以综合单价进行计取。

（3）编制单价措施项目工程量清单，须按照《市政工程工程量计算规范》（GB 50857—2013）相关规则计算工程量，并按要求编制"五要件"，即项目编码、项目名称、项目特征、计量单位、工程量。

（4）总价措施中安全文明施工费的费率分为基本费率和现场评价费率。在编制设计概算、施工图预算、招标控制价时应足额计取，即安全文明施工费费率按基本费费率加现场评价费最高费率计列。在编制投标报价时，应按招标人在招标文件中公布的安全文明施工费金额计取。结算时按相关文件执行。

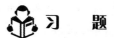 **习 题**

1. 选择题

（1）（   ）不属于总价措施费项目。

     A. 夜间施工增加费   B. 二次搬运费

     C. 工程定位复测费   D. 大型机械设备进出费及安拆费

（2）（   ）不属于安全文明施工费的项目。

     A. 安全施工费   B. 文明施工费

     C. 地上、地下设施保护费   D. 环境保护费

2. 简答题

（1）简述单价措施项目清单设置内容。

（2）简述安全文明施工费包含的内容。

（3）简述其他总价措施项目包含的内容。

（4）简述安全文明施工费如何计价。

8 基于 BIM 技术的市政工程计量与计价

8.1　BIM 技术简介

8.1.1　BIM 技术的概念

BIM 技术（Building Information Modeling）是一项应用于设施全生命周期的 3D 数字化技术，它以一个贯穿其生命周期通用的数据格式，创建、收集该设施所有相关的信息并建立起信息协调的信息化模型作为项目决策的基础和共享信息的资源。这里的关键词为"一个贯穿其生命周期通用的数据格式"，而为什么这是关键？是因为应用 BIM 想解决的问题之一就是在设施全生命周期中，希望所有与设施有关的信息只需要一次输入，然后通过信息的流动可以应用到设施全生命周期的各个阶段。信息的多次重复输入不但耗费大量人力物力成本，而且增加了出错的机会。如果只需要一次输入，又面临如下问题：设施的全生命周期要经历从前期策划，到设计、施工、运营等多个阶段，每个阶段又能分为不同专业的多项不同工作（例如设计阶段可分为建筑创作、结构设计、节能设计等多项，施工阶段也可分为场地使用规划、施工进度模拟、数字化建造等多项），每项工作用到的软件都不相同，这些不同品牌、不同用途的软件都需要从 BIM 模型中提取源信息进行计算、分析，提供决策数据给下一阶段计算、分析之用，这样就需要一种在设施全生命周期中使各种软件都通用的数据格式以方便信息的储存、共享、应用和流动。什么样的数据格式能够当此大任？这种数据格式就是在本章要介绍到的 IFC（Industry Foundation Classes，工业基础类）标准的格式，目前 IFC 标准的数据格式已经成为全球不同品牌、不同专业的建筑工程软件之间创建数据交换的标准数据格式。

世界著名的 BIM 软件开发商如 Autodesk. Bentley、Graphisoft、Gehry Technologies、Tekla 等为了保证其软件所配置的 IFC 格式的正确性，并能够与其他品牌的软件通过 IFC 格式正确地交换数据，它们都把其开发的软件送到 BSI 进行 IFC 认证。一般认为，软件通过了 BSI 的 IFC 认证标志着该软件产品真正采用了 BIM 技术。

8.1.2　BIM 技术的特点

从 BIM 技术的概念出发，得出了 BIM 技术的四个特点。

8.1.2.1　操作的可视化

可视化是 BIM 技术最显而易见的特点。BIM 技术的一切操作都是在可视化的环境下完成的，在可视化环境下进行建筑设计、碰撞检测、施工模拟、避灾路线分析等一系列的操作。而传统的 CAD 技术，只能提交 2D 的图纸。为了使不懂得看建筑专业图纸的业主和用户看得明白，就需要委托效果图公司出 3D 的效果图，达到较为容易理解的可视化方式。

如果一两张效果图难以表达得清楚，就需要委托模型公司做些实体的建筑模型。虽然效果图和实体的建筑模型提供了可视化的视觉效果，这种可视化手段仅仅是限于展示设计的效果，却不能进行节能模拟、不能进行碰撞检测、不能进行施工仿真。总之一句话，不能帮助项目团队进行工程分析以提高整个工程决策的质量。那么这种只能用于展示的可视化手段对整个工程究竟有多大的意义呢？究其原因，是这些传统方法信息量太小。现在建筑物的规模越来越大，空间划分越来越复杂，人们对建筑物功能的要求也越来越高。面对这些问题，如果没有可视化手段，光是靠设计师的脑袋来记忆、分析是不可能的，许多问题在项目团队中也不一定能够清晰地交流，就更不要说深入地分析以寻求合理的解决方案了。BIM 技术的出现为实现可视化操作开辟了广阔的前景，其附带的构件信息（几何信息、关联信息、技术信息等）为可视化操作提供了有力的支持，不但使比较抽象的信息（如应力、温度、热舒适性）可以用可视化方式表达出来，还可以将设施建设过程及各种相互关系动态地表现出来。可视化操作为项目团队进行的一系列分析提供了方便，有利于提高生产效率、降低生产成本和提高工程质量。

8.1.2.2　信息的完备性

BIM 是设施的物理和功能特性的数字化表达，包含设施的所有信息，从 BIM 的这个定义就体现了信息的完备性。BIM 模型包含了设施的全面信息，除了对设施进行 3D 几何信息和拓扑关系的描述，还包括完整的工程信息的描述。例如：对象名称、结构类型、建筑材料、工程性能等设计信息；施工工序、进度、成本、质量及人力、机械、材料资源等施工信息；工程安全性能、材料耐久性能等维护信息；对象之间的工程逻辑关系等。

信息的完备性还体现在 BIM 这一创建建筑信息模型行为的过程，在这个过程中，设施的前期策划、设计、施工、运营维护各个阶段都连接了起来，把各阶段产生的信息都存储进 BIM 模型中，使得 BIM 模型的信息来自单一的工程数据源，包含设施的所有信息。BIM 模型内的所有信息均以数字化形式保存在数据库中，以便更新和共享。

信息的完备性使得 BIM 模型能够具有良好的基础条件，支持可视化操作、优化分析、模拟仿真等功能，为在可视化条件下进行各种优化分析（体量分析、空间分析、采光分析、能耗分析、成本分析等）和模拟仿真（碰撞检测、虚拟施工、紧急疏散模拟等）提供了便利。

8.1.2.3　信息的协调性

协调性体现在两个方面：一是在数据之间创建实时的、一致性的关联，对数据库中数据的任何更改，都可以立刻在其他关联的地方反映出来；二是在各构件实体之间实现关联显示、智能互动。

这个技术特点很重要。对设计师来说，设计建立起的信息化建筑模型就是设计的成果，至于各种平、立、剖 2D 图纸及门窗表等图表都可以根据模型随时生成。这些源于同一数字化模型的所有图纸、图表均相互关联，避免了用 2D 绘图软件画图时会出现的不一致现象。而且在任何视图（平面图、立面图、剖视图）上对模型的任何修改，都视同为对数据库的修改，会马上在其他视图或图表上关联的地方反映出来，并且这种关联变化是实时的。这样就保持了 BIM 模型的完整性和联动性，在实际生产中就大大提高了项目的工作效率，消除了不同视图之间的不一致现象，保证项目的工程质量。

这种关联变化还表现在各构件实体之间可以实现关联显示、智能互动。例如，模型中的屋顶是和墙相连的，如果要把屋顶升高，墙的高度就会随即跟着变高。又如，门窗都是开在墙上的，如果把模型中的墙平移，墙上的门窗也会同时平移；如果把模型中的墙删除，墙上的门窗马上也被删除，而不会出现墙被删除了而窗还悬在半空的不协调现象。这种关联显示、智能互动表明了 BIM 技术能够支持对模型的信息进行计算和分析，并生成相应的图形及文档。信息技术的协调性使得 BIM 模型中各个构件之间具有良好的协调性。

这种协调性为建设工程带来了极大的方便。例如，在设计阶段，不同专业的设计人员可以通过应用 BIM 技术发现彼此不协调甚至引起冲突的地方，及早修正设计，避免造成返工与浪费。在施工阶段，可以通过应用 BIM 技术合理地安排施工计划，保证整个施工阶段衔接紧密、合理，使施工能够高效地进行。

8.1.2.4　信息的互用性

应用 BIM 可以实现信息的互用性，充分保证了信息经过传输与交换以后，信息前后的一致性。具体来说，实现互用性就是 BIM 模型中所有数据只需要一次性采集或输入，就可以在整个设施的全生命周期中实现信息的共享、交换与流动，使 BIM 模型能够自动演化，且避免了信息不一致的错误。在建设项目不同阶段免除对数据的重复输入，可以大大降低成本、节省时间、减少错误、提高效率。这一点也表明 BIM 技术提供了良好的信息共享环境。BIM 技术的应用不应当因为项目参与方所使用不同专业的软件或者不同品牌的软件而产生信息交流的障碍，更不应当在信息的交流过程中发生损耗，导致部分信息的丢失，而应保证信息自始至终的一致性。

实现互用性最主要的一点就是 BIM 支持 IFC 标准，另外是为方便模型通过网络进行传输。BIM 技术也支持 XML（可扩展标记语言），正是 BIM 技术这四个特点大大改变了传统建筑业的生产模式，利用 BIM 模型，使建筑项目的信息在其全生命周期中实现无障碍共享，无损耗传递，为建筑项目全生命周期中的所有决策及生产活动提供可靠的信息基础。BIM 技术较好地解决了建筑全生命周期中多工种、多阶段的信息共享问题，使整个工程的成本大大降低、质量和效率显著提高为传统建筑在信息时代的发展展现了光明的前景。

目前，BIM 在工程软件界中是一个非常热门的概念，许多软件开发商都声称自己开发的软件采用了 BIM 技术。由于很多人对什么是 BIM，什么是 BIM 技术存在模糊的认识，使不少软件的用户也相信开发商的话，认为他们已经在使用 BIM 技术了。到底这些软件是不是使用了 BIM 技术呢？对 BIM 技术进行过非常深入研究的伊斯曼教授等在《BIM 手册》中列举了以下四种建模技术不属于 BIM 技术的情形。

（1）只包含 3D 数据而没有（或很少）对象属性的模型。这些模型确实可用于图形可视化，但对象并不具备智能。它们的可视化做得较好，但对数据集成和设计分析只有很少的支持甚至没有支持。例如，非常流行的 Sketch-Up，它在快速设计造型上显得很优秀，但对任何其他类型的分析、应用非常有限，这是因为在它的建模过程中没有知识的注入，成为一个欠缺信息完备性的模型，因而不算是 BIM 技术建立的模型。它的模型只能算是可视化的 3D 模型而不是包含丰富的属性信息的信息化模型。

（2）不支持行为的模型。这些模型定义了对象，但因为它们没有使用参数化的智能设计，所以不能调节其位置或比例。这带来的后果是调整时需要耗费大量的人力，并且可导致其创建出不一致或不准确的模型视图。

前面介绍过，BIM 的模型架构是一个包含有数据模型和行为模型的复合结构。其行为模型支持集成管理环境、支持各种模拟和仿真的行为。在支持这些行为时，需要进行数据共享与交换。不支持行为的模型，其模型信息不具有互用性，无法进行数据共享与交换，因此这种建模技术难以支持各种模拟行为，不属于用 BIM 技术建立的模型。

（3）由多个定义建筑物的 2D 的 CAD 参考文件组成的模型。该模型的组成基础是 2D 图形，这是不可能确保所得到的 3D 模型是一个切实可行的、协调一致的、可计算的模型，因此该模型所包含的对象也不可能实现关联显示、智能互动。

（4）一个视图上更改尺寸而不会自动反映在其他视图上的模型。这说明了该视图与模型欠缺关联，反映出模型里面的信息协调性差，会使模型中的错误非常难以发现。一个信息协调性差的模型，就不能算是 BIM 技术建立的模型。

目前确有一些号称应用 BIM 技术的软件使用了上述不属于 BIM 技术的建模技术，这些软件能支持某个阶段计算和分析的需要，但由于其本身的缺陷，可能会导致某些信息的丢失从而影响到信息的共享、交换和流动，难以支持在项目全生命周期中的应用。

8.2　基于 BIM 技术的市政工程计量

传统的市政工程计量软件操作模式可分两种：一是按照二维施工图纸在计量软件中手动建立计量模型；二是使用计量软件二维识图功能自动将 AutoCAD 二维图转成三维模型。这两种方法的本质都是通过在二维平面图上添加高程、坐标等参数重新生成三维模型，导致计量效率的降低和 BIM 价值的流失。

评价工程计量模式的指标包括对建筑构件几何对象的计算能力、计算质量、计算效率，以及附带几何对象属性能力等指标。现代市政工程设计常包含很多异形几何形体，因此对这类几何形体的计算能力显得尤为重要。为了尽可能合理确定工程造价，需要衡量工程计量的准确性和详细程度，同时要考虑到设计变更情形，工程量计算效率不但要考虑初次计算所消耗的时间，还应考虑设计变更调整工程量所耗费时间，这两部分相加的总时间才能全面描述计量软件的效率。利用 BIM 技术，造价人员可以直接利用 BIM 模型快速、精确地计算大多数工程计量项目的工程量，无须借助其他外部计量软件。相关研究成果显示基于 BIM 技术的工程计量耗费时间较传统计量缩短了 80%。但同时，BIM 技术对既有的工程计量规则提出了挑战，BIM 的计量规则与国内工程量计算规则存在差异，需解决本地化问题。可通过编程设置软件的运算规则或发布本地化功能插件包的方式适应我国工程造价行业计量规则。基于 CAD 和 BIM 的计量流程如图 8-1 所示。

8.2.1　市政工程概算阶段的 BIM 计量

在市政工程概算阶段的 BIM 计量中，造价人员可从 BIM 建模软件创建的基于三维几何模型中提取丰富的工程参数（如体量模型）可以反复、随意变化，并且会自动统计体量模型的外围周长、表面积、体积、高度等参数。例如，某混凝土桥墩工程，利用体量模型可提取出该桥墩表面积、高度、体积等参数，对应即完成该桥墩模板工程量、脚手架工程

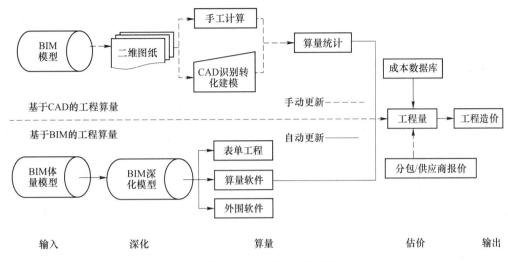

图 8-1 基于 CAD 和 BIM 的计量流程

量、混凝土工程量等计量工作。

从计量精度看，BIM 计量偏差在可接受范围内。首先，BIM 建模软件的组件间自动扣减运算规则精确。在 Revit 软件中，下部承重构件和上部被支撑构件之间、主体构件和二次构件之间可以自动结构并完成扣减，实现组件几何关系和功能结构的协同统一。尤其在形体复杂、内容多样化的市政项目中，运用软件的自动扣减功能，能够在提高准确性的同时有效降低造价人员的工作强度和时间。其次，BIM 软件的组件智能联动关系明确。设计变更的内容可以自动关联到工程量统计上，当改动某组件参数或位置时，该组件的其他相关统计数据会自动更新，并且与之关联的其他组件的关联参数和位置也会发生联动。这样不仅保证了统计结果的准确性，避免工程量的虚增或遗漏，更新结果也可及时反馈给设计人员，使之清楚了解设计方案的变动对成本的影响，便于进一步的设计修改以满足业主的投资、成本要求。

从计量效率看，BIM 计量效率更高、速度更快。BIM 技术从四个方面提高了计量效率。首先，计量工作是在设计人员已建立的 BIM 模型基础上完成的，造价人员不必另行建立计量模型。其次，BIM 可以实现同步计量，即设计与计量同步进行。当组件参数、位置等随着设计深入或变更而发生变化时，软件可以自动更新并统计变动的工程量。再次，利用 BIM 软件进行工程量提取和统计只需数分钟便可完成，造价人员主要工作转为统计结果的检验、补充、修改以及输出。最后，概算阶段的模型是在前期阶段构建的体量模型基础上进行组件转化和设计深化得来的，从而保持了概算阶段 BIM 模型完整性和建模连续性、高效性。如某市政水处理沉井构筑物，在 Revit 软件中，通过创建沉井体量模型，将该体量模型中的各个板块转化为井壁、底板、顶板等基本组件。表 8-1 为分别利用 Revit 软件的统计功能和国内计量软件对该市政水处理沉井构筑物进行计量的结果对比。需要说明的是，由于 Revit 软件在主体结构间的扣减关系上与国内现行工程量扣减优先级不一致，导致单项统计结果存在差异，但总量差异微小。

项 目	隔板	支撑	墙体	合计
REVIT	650.17	521.25	1526.81	2698.23
国内某算量软件	623.85	531.74	1521.09	2676.68
差异率/%	4.05	-2.01	0.37	0.80

案例项目在概算阶段计量结果也显示，BIM 在计量精度满足可接受偏差规定 （±10%）的前提下，计量效率提高了约 76%，显著提升了成本控制的成效。

8.2.2 市政工程施工图预算阶段的 BIM 计量

关于在施工图预算阶段如何利用 BIM 技术进行市政工程计量，业内大体有两种观点：一种观点认为可将 BIM 模型文件导出到外部计量软件，利用外部软件进行计量；另一种认为 BIM 模型可直接作为计量平台，实现自动化精确的工程计量。就实践而言，目前国内已有软件企业研发出数据接口，将 BIM 模型导出到现行的计量软件中进行工程计量，亦有开发符合国内计量规则的 BIM 计量插件。

设计人员将 BIM 模型深化到施工图设计阶段，工程造价人员如何利用 BIM 模型提取工程量呢？在此模式下，以《建设工程工程量清单计价规范》（GB 50500—2013）为计量标准，可以直接、快速、精确地计算出大多数工程计量项目的工程量，并同步调整设计变更后的工程量，且无须借助外部软件进行工程计量。该计量模式在复杂形体工程计量中更具优势。目前业界常用的 BIM 软件平台工具是 Autodesk Revit 2016 版（以下简称 Revit）。

Revit 通过建立 3D 关联数据库，可以准确、快速计算和提取工程量，提高工程计量的精度和效率。Revit 遵循面向对象的参数化建模方法，利用模型的参数化特点，在表单域设置所需条件，对构件的工程信息进行筛选，并利用软件自带表单统计功能完成相关构件的工程量统计。另外，Revit 模型能实现即时计量，即设计完成或修改，计量随之完成或修改。随着工程推进，设计变更经常发生，Revit 模型计量的即时性优势，可以大幅度减少变更计量的响应时间，提高工程计量效率。

首先建立 Revit 分类和造价分类的对应关系。因为 Revit 的构件划分思路与国内现行施工图预算阶段的工程造价划分并不一致，前者是按建筑构造功能性单元划分，后者则以建筑施工工种或工序来划分，两种分类体系并非简单的一一对应关系。以下举例说明。

（1）土石方工程。利用 Revit 模型可以直接进行土石方工程计量。对于结构基础挖土方量和回填土量按结构基础的体积、所占面积以及所处的高程进行工程计量。造价人员在表单属性中设定计算公式可提取所需工程量信息。例如，利用 Revit 模型计算某市政管道中条形基础的挖沟槽土方量，已知挖土深度为 2.5m。按照国内工程计量规范中的计算方法，在 Revit 模型的表单属性中设置项目参数和计算公式，使用表单直接统计出管道挖沟槽土方总量。

（2）基础工程。Revit 自带表单功能可以自动统计出基础的工程量，也可以通过属性窗口获取任意位置的基础工程量。大多类型的基础都可按特定的基础柱模板建模，若某些特殊基础没有特定的建模方式，可利用软件的基本工具（如梁、板、柱等）变通建模，但需改变这些构件的类别属性，以便与其原建筑类型的元素相区分，利于工程量的数据统计。

（3）混凝土构件。Revit 软件能够精确计算混凝土构件工程量且与国内工程计量规范基本一致。对单个混凝土构件，Revit 能直接根据表单得出相应工程量。但对混凝土板和墙进行计量时，其预留孔洞所占体积均被扣除。当梁、板、柱发生交接时，国内计量规范规定三者的扣减优先序为 "柱 > 梁 > 板"，即交接处工程量部分，优先计算支座工程量。使用 Revit 软件内修改工具中的连接命令，根据构件类型修正构件位置并通过连接优先序扣减实体交接处重复工程量，优先保留主构件的工程量，将次构件的统计参数修正为扣减后的精确数据，避免了构件工程量统计的虚增或减少。

Revit 模型在施工图预算阶段的工程计量主要问题是与现行国家计量规则不一致，特别涉及扣减问题。由于几何形体在 Revit 软件属性中显示的是其自然数量，与手工计算工程量年代制订的工程量计算规则肯定会有所不同，后者考虑手工计算量的烦琐，简化了计算规则，遵循 "细编粗算" 原则，比如计量规则对面积较小（如小于 $0.3\mathrm{m}^2$）的洞口作不扣除的规定。BIM 技术作为技术发展，其优先次序低于国家（地方）颁布的计量规则，仍应以计量规则为准，BIM 技术的发展在解决这些问题上仍然大有可为。

8.2.3　当前国内 BIM 工程计量模式

国内主流的计量软件发布的 BIM 5D 软件包，支持将 Revit 的模型直接导入到本土的计量软件中，进行计量。该系统主要实现了以下功能。

（1）实现 Revit 三维设计模型导入到造价计量软件，进而实现 BIM 的全过程应用。对 Revit 模型导入计量插件（简称插件）实现了基于 Revit 创建的设计阶段三维模型直接导入专业计量软件，用于工程计量、计价。

（2）在造价计量软件中，实现导入的模型套取做法后快速提供工程计量。

通过主流设计软件（Revit）与主流工程量计算软件的数据交互，直接将 Revit 设计模型导入计量软件；同时支持主流结构计算软件（PKPM）和主流设计软件（Revit）与主流工程钢筋量计算软件的数据交互，直接将 Revit 设计模型导入计量软件，免去造价人员的二次重复建模，提高造价人员的工作效率。这种方式，模型的转化率达到了 98.7% 以上，工程量转化率达 97.5% 以上，计量时间缩短 50% 以上。

8.3　基于 BIM 技术的市政工程计价

8.3.1　基于 BIM 技术的计价方法

现行的 BIM 计价方法主要是利用 BIM 模型生成的工程量，结合现行计价规则在计价软件辅助下形成各单位工程造价，并最终汇总为项目的工程造价。部分本土软件商在 Revit 平台上通过插件，将从 Revit 模型获得的工程量，与现行工程量清单计量规范的项目划分进行映射，借助软件内置的价格指标、国家统一定额、地方定额，可实现在项目各个阶段确定出合理的工程造价，并能在项目 5D 软件平台上将工程量、造价数据和进度参数进行关联，从而实现整个项目直观的进度、成本的动态管理，甚至使 BIM 价值在项目全过程中得以实现。目前在基于互联网的数据库系统支撑下，每一个项目的所有实际消耗量数据都可以通过 BIM 软件与数据库系统连接起来，可随时调用数据进行指标分析，每次完成的造价指标、工程量指标又可存入造价指标库，不断进行自我循环、自我积累和自我优化。图 8-2 为某项目施工阶段 BIM 计价过程。

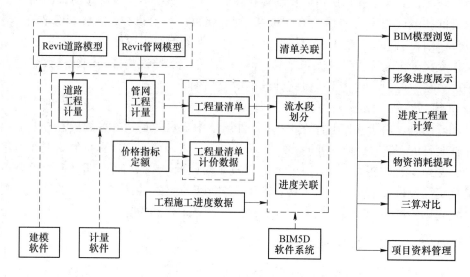

图 8-2　某项目施工阶段 BIM 计价过程

基于 BIM 技术的市政工程计价具有快速、准确、分析能力强等很多优势，具体表现如下。

（1）快速。建立基于 BIM 的造价数据库，汇总分析能力大大加强，速度快，短周期造价分析不再困难，工作量小、效率高。

（2）准确。造价数据动态维护，准确性大为提高，通过总量统计的方法，消除累积误差，造价数据随进度进展准确度越来越高，数据粒度达到构件级，可以快速提供支撑项目各条线管理所需的数据信息，有效提升项目管理效率。

（3）分析能力强。可以多维度（时间、空间、WBS）汇总分析更多种类、更多统计分析条件的造价报表，直观地确定不同阶段造价情况。

8.3.2　基于 BIM 技术的价款调整

在工程量清单计价模式下，竣工结算的编制是基于 BIM 技术采取投标合同加上变更签证等费用的方式进行计算，即以合同标价为基础，增加的项目应另行经发包人签证，对签证的项目内容进行详细费用计算，将计算结果加入合同标价中，即为该工程结算总造价。

造价人员基于 BIM 模型的竣工结算工作有两种实施方法：一是往提供的 BIM 模型里增加造价管理需要的专门信息；二是把 BIM 模型里面已经有的项目信息抽取出来或者和现有的造价管理信息建立连接。不论是哪种实施方法，项目竣工结算价款调整主要由工程量和要素价格及取费决定。

8.3.2.1　核对工程量

竣工结算工程量计算是在施工过程造价管理应用模型基础上，依据变更和结算材料，附加结算相关信息，按照结算需要的工程量计算规则进行模型的深化，形成竣工结算模型并利用此模型完成竣工结算的工程量计算，以此提高竣工结算阶段工程量计算效率和准确性。在结算阶段，核对工程量是最主要、最核心的工作。工程量核对形式依据先后顺序主要分为以下四种。

（1）分区核对。分区核对处于核对数据的第一阶段，主要用于总量比对，传统模式造价员、BIM 工程师按照项目施工段的划分将主要工程量分区列出，形成对比分析表，如造价员采用手工计算则核对速度较慢，若参数改动，往往需要较长时间才可以完成；对于 BIM 工程师来讲，可能就是几分钟完成重新计算，重新得出相关数据，如果两人采用的都是 BIM 模型形式，则核对的速度将大大提高。当然施工实际用量的数据也是结算工程量的一个重要参考依据，但是对于历史数据来说，往往分区统计存在误差，只存在核对总量的价值。表 8-2 是某项目结算工程量分区对比分析表。

表 8-2　结算工程量分区对比分析表

序号	施工阶段	BIM 数据	预算数据	计算偏差		BIM 模型扣除钢筋占体积	实际用量	BIM 模型与现场量差	
				数值	百分比/%			数值	百分比/%
1	B-4-1	4281.98	4291.4	−9.42	−0.22	4166.37	4050.34	116.03	2.78
2	B-4-2	3852.83	3852.4	0.43	0.01	3748.8	3675.3	73.5	1.96
3	B-4-3	3108.18	3141.3	−33.12	−1.07	3024.26	3075.2	−50.94	−1.68
4	B-4-4	3201.98	3185.3	16.68	0.52	3115.53	3183.8	−68.27	−2.19
合　计		14444.97	14470.4	−25.43	−0.18	14054.96	13984.64	70.32	0.5

（2）分部分项清单工程量核对。分部分项核对工程量是在分区核对完成以后，确保主要工程量数据在总量上差异较小的前提下进行的。如果 BIM 数据需要和手工数据比对，可通过 BIM 建模软件的导入外部数据，在 BIM 软件中快速形成对比分析表（见图 8-3），通过设置偏差百分率警戒值，可自动根据偏差百分率排序，迅速对数据偏差对应的分部分项工程项目进行锁定，再通过 BIM 软件的"反查"定位功能，对所对应的区域构件进行综合分析，确定项目最终划分，从而得出较合理的分部分项子目。通过对比分析表亦可以对漏项进行对比检查。

（3）BIM 模型综合应用查漏。目前项目承包管理模式和在传统手工计量的模式下，无论工程预算还是结算，都是各专业各自为政，很少考虑专业与专业之间的相互影响对实际结算工程量造成的偏差，或者由于做管线综合排布的人不会做预算，做预算的人不懂机电施工，更有甚者受手工计量客观条件的局限，造成明明知道遗漏，却无能为力，这样一来不可避免造成结算数据的偏差。通过各专业 BIM 模型的综合应用，大大减少以前由于计算能力不足、造价员施工经验不足造成计价偏差。

（4）大数据核对。大数据核对是在前三个阶段完成后的最后一道核对程序。对项目的高层管理人员来讲，并不一定需要造价科班出身，对结算的原则、计算规范不一定需要非常清楚，对他们来讲只需依据一份大数据对比分析报告，加上自身丰富的经验，就可以对项目结算报告做出分析，得出结论。BIM 完成后，直接到云服务器上自动检索高度相似的工程进行云指标对比，查找漏项和偏差较大的项目。

| 单位工程设置 | 编制/清单说明 | **分部分项工程量清单** | 措施项目清单 | 其他项目清单 | 工料机汇总表 | 费用汇总表 |

序号	编号	项目名称	工程量	单位		序号	编号	项目名称	工程量	单位
F目8	011602001008	花格拆除	87.63	m2		F目8	011602001001	花格拆除	87.63	m2
F目9	010514002009	花格	87.63	m2		F目9	010514002001	花格	87.63	m2
F目10	011601001010	琉璃瓦拆除	10	m2		F目10	011601001001	琉璃瓦拆除	10	m2
F目11	020301002011	檐子上铺琉璃砖	10	m2		F目11	020301002001	檐子上铺琉璃砖	10	m2
F目12	011604002012	立面抹灰层拆除	155.38	m2		F目12	011604002001	立面抹灰层拆除	155.38	m2
F目13	010402001013	砌块墙	6.96	m3		F目13	010402001001	砌块墙	6.96	m3
F目14	010401003014	实心砖墙	3.7	m3		F目14	010401003001	实心砖墙	3.7	m3
F目15	011604002015	墙面抹灰层拆除	161.49	m2		F目15	011604002002	墙面抹灰层拆除	161.49	m2
F目16	011604002016	天棚抹灰面拆除	10.22	m2		F目16	011604002003	天棚抹灰面拆除	10.22	m2
F目17	011201001017	内墙面恢复(新砌筑墙体)	34.8	m2		F目17	011201001001	内墙面恢复(新砌筑墙体)	34.8	m2
F目18	011406001018	室内乳胶漆翻新	1684.56	m2		F目18	011406001001	室内乳胶漆翻新	1684.56	m2
F目19	011201002019	外墙面抹灰	34.8	m2		F目19	011201001002	墙面一般抹灰(新砌筑外墙)	34.8	m2
F目20	011406003020	外墙面两剖腻子(新砌筑墙体)	34.8	m2		F目20	011406001002	外墙面乳胶漆(新砌筑墙体)	34.8	m2
F目21	011201002021	外墙面乳胶漆(新砌筑墙体)	34.8	m2		F目21	010607005001	砌块墙挂钢丝网加固	232.26	m2
F目22	010607005022	砌块墙挂钢丝网加固	232.26	m2		F目22	010606013001	柱包钢板厚5mm注胶厚3-8mm	78.16	m2
F目23	010606013023	柱包钢板厚5mm注胶厚3-8mm	82.24	m2		F目23	010606013002	梁包钢板厚12mm注胶厚3-8mm	40.06	m2
F目24	010608013024	柱包钢板厚12mm注胶厚3-8mm	40.06	m2		F目24	010608013003	梁包钢板厚5mm注胶厚3-8mm	81.74	m2
F目25	010608013025	梁包钢板厚5mm注胶厚3-8mm	83.96	m2		F目25	010516001001	螺栓直径12	331.2	m
F目26	010508013026	植缆杆φ16	305.04	m		F目26	010516001002	螺栓THM10	237.2	m
F目27	010608013027	化学锚栓φ12(特殊倒锥形)	345.6	m		F目27	010516001003	螺栓PM16	305.04	m
F目28	010608013028	化学锚栓φ10	237.2	m		F目28	040901001001	拉结筋φ6	0.06	t
F目29	010515001029	拉结筋φ6	0.06	m		F目29		植钢筋 III级φ螺纹钢φ8	0.8	m2

项目名称	工程内容	**项目特征**	计算规则	计算式	附注
1.铺设钢丝网(GW0.8*15*14),钢丝网采用水泥钉固定。
2.1:3水泥砂浆外墙抹灰
3.乳胶漆底漆一遍面漆两遍

| 计算规则 | 计算式 | 附注 | 审核说明 |
| 项目名称 | 工程内容 | **项目特征** |
1.铺设钢丝网(GW0.8*15*40),钢丝网采用水泥钉固定。

📋 特征描述指南
📋 表格编辑文本
📋 存为描述指南
📋 存为自定条目
📋 使用条目内容

工程内容

图 8-3　分部分项清单工程量对比分析表

8.3.2.2　核对要素价格

目前市场上的工程量计算软件和计价软件功能多是分离的，由于我国的特殊国情，各地定额标准不一致，需要把量导入计价软件中再做价款调整。但是基于 BIM 技术的项目工程量计算和计价软件实现计价算量一体化，通过 BIM 算量软件进行工程量计算，同时通过算量模型丰富的参数信息，软件自动形成模型与已标价的投标工程量清单关联。由于施工合同相关条款约定，施工过程中经常存在人工费、材料单价等要素的调整，在结算时应进行分时段调整。基于 BIM 技术的计价与工程量计算软件工作全部基于三维模型，当发生要素调整时，仅需要在 BIM 模型中添加进度参数，即在 BIM5D 模型（见图 8-4）中动态显示出整个工程的施工进度，系统就会自动根据进度参数形成新的模型版本，对各时段人工

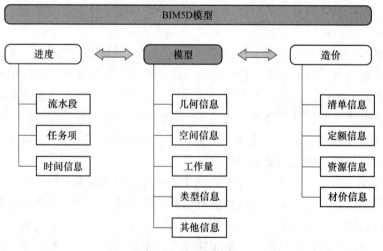

图 8-4　BIM5D 模型

费需调整的分项工程量，或需调整的材料消耗量进行统计等，同时根据模型关联的已标价投标工程量清单进行造价数据更改，更改记录会记录在相应模型上。

8.3.2.3 取费确定

工程竣工结算时除了工程量和要素价格调整外，还涉及如安全文明施工费、规费及税金等的确定。此类费用与施工企业管理水平、项目施工方案、施工条件、施工合同条款、政策性文件等约束条件有关，需要根据项目具体情况把这些约束条件或调整条件考虑进去，建立相应 BIM 模型的标准，可通过 BIM 技术手段实现。

（1）API（Application Programming Interface，应用编程接口），是由 BIM 软件厂商随 BIM 软件一起提供的一系列应用程序接口，造价人员或第三方软件开发人员可以用 API 从 BIM 模型中获取造价需要的项目信息，跟现有造价管理软件集成，也可以把造价管理对项目的修改调整反馈到 BIM 模型中去。

（2）数据库，如 ODBC（Open Database Base Connectivity）开放数据库互联，是微软提供的一套与具体数据库管理系统无关的数据库访问方法，这种方法的编程能力具有普适性，导出的数据可以和所有不同类型的应用（包括造价管理）进行集成，同时对 BIM 模型的轻量化也非常有利。

（3）数据文件，是通过 IFC 等公开或不公开的各类标准或非标准的数据文件实现 BIM 模型和造价管理软件的信息共享，一般来说公开数据标准的好处是具有普适性，缺点是效率没有那么高，而自有数据标准的优劣正好相反。

本 章 小 结

（1）本章主要介绍 BIM 技术的概念及其特点。

（2）BIM 技术在市政工程的计量分别从概算阶段的 BIM 计量和预算阶段 BIM 计量进行了介绍，同时介绍了当前国内基于 BIM 技术的主要计量模式。

（3）BIM 技术在市政工程的计价主要从基于 BIM 技术的计价方法和价款调整进行介绍，价款调整可以贯穿整个实施阶段及竣工结算阶段。

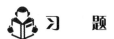 ## 习 题

（1）简述 BIM 技术的概念及特点。

（2）简述 BIM 技术在概、预算阶段的计量。

（3）简述 BIM 技术在施工阶段的计价过程。

（4）简述 BIM 技术在工程造价应用。

9 市政工程工程量清单与招标控制价编制实例

市政工程工程量清单应由分部分项工程量清单、措施项目清单、其他项目清单、规费项目清单、税金项目清单组成。其编制依据包括：《建设工程工程量清单计价》（GB 50500—2013）和《市政工程工程量计算规范》（GB 50857—2013），国家或省级、行业建设主管部门颁发的计价依据和办法，建设工程设计文件，与建设工程有关的标准、规范、技术资料，拟定的招标文件，施工现场情况，工程特点，常规施工方案及其他相关资料。分部分项工程量清单应根据《建设工程工程量清单计价》（GB 50500—2013）的项目编码、项目名称、项目特征、计量单位和工程量计算规则进行编制。

采用工程量清单计价方法，建设工程造价由分部分项工程费、措施项目费、其他项目费、规费和税金组成。分部分项工程量清单应采用综合单价计价。编制招标控制价时，综合单价可依据国家或省级、行业建设主管部门颁发的计价定额和计价办法予以确定；编制投标价时综合单价则由投标人依据招标文件及其招标工程量清单自主确定。

本章通过工程实例，对道路工程、管网工程工程量清单及招标控制价的编制进行示范。学生们可在实例中进一步体会市政工程计量与计价的原理、步骤与方法。

9.1 道路工程工程量清单及招标控制价的编制

9.1.1 道路工程概况

某道路项目位于某市，为东西向城市支路，设计车速 20km/h，该道路工程南起诗城路西段，北至白玉路，全长 370.353m，为新建道路，道路红线宽度 16m，断面形式详见施工图（见图 9-1~图 9-18），具体尺寸为 3m（人行道）+10m（机动车道）+3m（人行道）= 16m（红线）。车行道路面结构均为沥青混凝土路面，人行道面层结构为仿石材混凝土路面砖。本工程设计内容包括道路工程、管网工程、绿化工程。技术标准：道路等级为城市支路Ⅱ级，计算行车速度为 20km/h，路基宽度为 16m，交通饱和设计量为 10 年，路面结构设计年限 10 年，标准轴载为道路 BZZ-100kN。

9.1.2 道路工程施工图

道路工程施工图如图 9-1~图 9-18 所示。

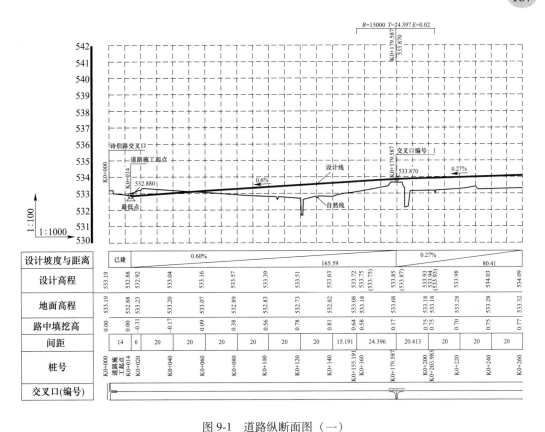

图 9-1 道路纵断面图 (一)

设计坡度与距离	已建	0.60%							165.59			0.27%		80.41
设计高程	533.19	532.88	532.92	533.04	533.16	533.57	533.39	533.51	533.63	533.72 / 533.75 (533.75)	533.85 (533.87)	533.93 / 533.94 (533.93)	533.98	534.03	534.09
地面高程	533.19	532.88	533.23	533.20	533.07	532.89	532.83	532.73	532.82	533.08 / 533.18	533.68	533.18 / 533.18	533.28	533.28	533.32
路中填挖高	0.00	0.00	-0.31	-0.17	0.09	0.38	0.56	0.78	0.81	0.64 / 0.58	0.17	0.75 / 0.75	0.70	0.75	0.77
间距		14	6	20	20	20	20	20	20	15.191	24.396	20.413	20	20	20
桩号	K0+000 道路桩工起点 / K0+014	K0+020	K0+040	K0+060	K0+080	K0+100	K0+120	K0+140	K0+155.191 / K0+160	K0+179.587	K0+200 / K0+203.983	K0+220	K0+240	K0+260	
交叉口(编号)															

图 9-2 道路纵断面图 (二)

设计坡度与距离		0.27%				110.35(190.77) 在建	
设计高程	534.09	534.14	534.20	534.25	534.31	534.34	534.39
地面高程	533.32	533.18	533.64	535.13	534.01	533.75	533.92
路中填挖高	0.77	0.96	0.56	-0.88	0.30	0.53	0.47
间距		20	20	20	20	10.103	20.25
桩号	K0+260	K0+280	K0+300	K0+320	K0+340 道路桩工止点 / K0+350.103		K0+370.353
交叉口(编号)							

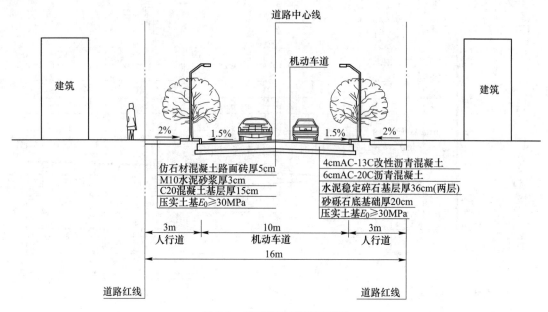

图 9-3　某道路典型横断面图

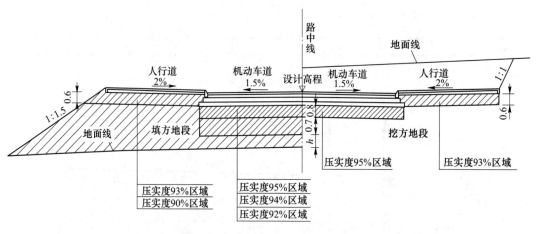

图 9-4　压实区划图（1∶100）

如图 9-4 所示，需要注意：

（1）土质路基压实应采用重型击实标准控制；

（2）水泥稳定碎石基层压实度 98%，级配砂砾石底基层压实度 97%；

（3）土质路堑或零填挖路段，原土也应碾压至图示密实度要求；

（4）路基及结构层均应在材料接近最佳含水量时，通过压路机械碾压达到设计压实度，压实度如图 9-4 所示。

如图 9-5 所示，需要注意：

（1）图中尺寸均以"cm"计；

（2）路堤用地范围为路堤两侧坡脚外 1m，路堑用地范围为坡顶以外 1m；

（3）路基填筑高度小于（路面厚度+1.0m）时视为零填路基，为保证零填路基及土路堑路床范围（即路面底面以下 1m 范围）压实度不小于 95%，一般应采取换填碎砾石材料处理；

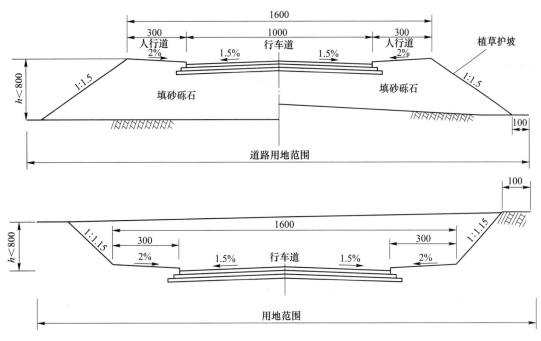

图 9-5 一般路堤及路堑图

（4）浸水路堤填筑前，应认真做好排水、清淤工作，确保基底达到要求的强度；

（5）路基边坡防护类型根据开挖面高度及地质条件确定，各种防护措施配合使用，并注意相互衔接，图 9-5 仅为示意；

（6）经过农田地段的路堤，必须清除淤泥及地表耕植土，并开沟排水，对湿软土层还应采取换填或设置片石排水沟等措施进行处理；

（7）路基压实度要求详见路基压实区划图及路基技术质量要求。

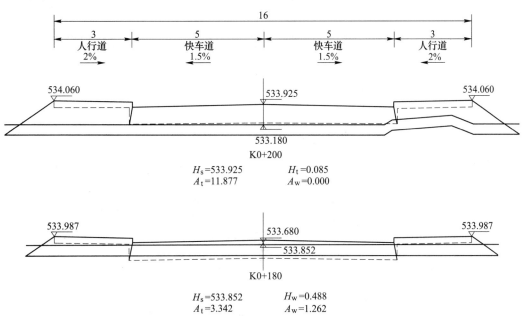

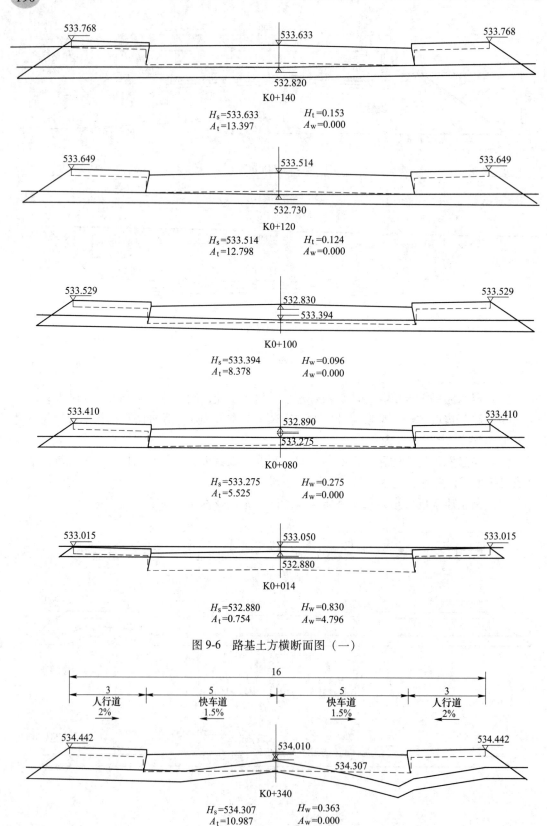

图 9-6　路基土方横断面图（一）

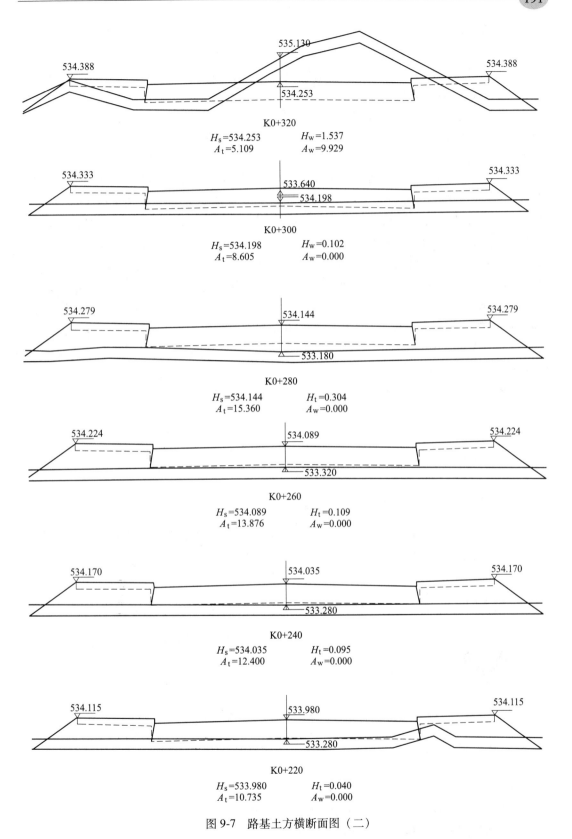

K0+320
$H_s=534.253$ $H_w=1.537$
$A_t=5.109$ $A_w=9.929$

K0+300
$H_s=534.198$ $H_w=0.102$
$A_t=8.605$ $A_w=0.000$

K0+280
$H_s=534.144$ $H_t=0.304$
$A_t=15.360$ $A_w=0.000$

K0+260
$H_s=534.089$ $H_t=0.109$
$A_t=13.876$ $A_w=0.000$

K0+240
$H_s=534.035$ $H_t=0.095$
$A_t=12.400$ $A_w=0.000$

K0+220
$H_s=533.980$ $H_t=0.040$
$A_t=10.735$ $A_w=0.000$

图 9-7 路基土方横断面图 (二)

如图 9-6 和图 9-7 所示，需要注意：

（1）图中虚线为计入路面及人行道面结构层后的实际土方开挖线；

（2）本图挖、填方量及挖、填方断面积已计入路面及人行道结构工程土方量，所有管沟、涵洞及改沟的挖填方量未计入；

（3）该路全线穿越农田地段及居民区，表层耕植土及杂填土均应清除，由于甲方未提供地勘资料，本图按常规 0.4m 厚度全线清表换填计量，为保证路基压实度，回填均采用天然级配砂砾石；

（4）根据公路自然区划，某某市属于 V2 区，地勘报告显示本项目道路沿线地下水位较低，一般不存在软基处理问题，施工时将路槽进行开挖晾晒处理，考虑季节影响，若路槽晾晒效果达不到使用要求，则可采用在路面底基层底做两层各 20cm 共计 40m 厚级配砂砾石垫层作为透水层，该部分工程量可暂按全路段统计，施工时根据实际情况由甲方酌情掌握；

（5）本期工程土方横断面宽度为 6m，采用自由放坡的路段，坡度填方段为 1∶1.5，挖方段为 1∶1.15，若道路两侧用地近期不使用边坡均应采用植草护坡；

（6）由于该路无地勘资料，因此若路基开挖后遇到其他不良地基，应及时与设计单位联系，根据现场实际开挖情况进行处理，工程量按实计；

（7）图中符号说明：H_s 为路面设计高程，H_w 为挖深，H_t 为填高，A_t 为填方面积，A_w 为填方面积。

土方总量计算表见二维码。

土方总量计算表

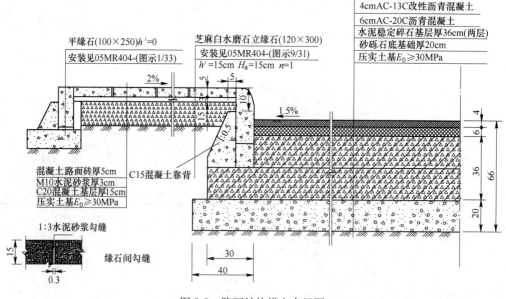

图 9-8　路面结构横向布置图

如图 9-8 所示，需要注意：

（1）图中尺寸构件规格均以"cm"计；

（2）全线路缘石（立缘石及平面石）对应直线段截面设置，当半径小于 2m 时，选用 I 型，其余选用 II 型，曲线弦长 500mm，选用与安装见 05MR404；

（3）沥青路面施工应先安装路缘石，路缘石的安装应先安装立缘石，再安装平面石，路缘石侧面与路面结构间应密实无缝，路缘石产品和安装应满足《混凝土路缘石》（JC/T 899—2016）行业标准的要求；

（4）成品路缘石应进行随机抽样检验，直线型路缘石抗折强度应达到 Cf5.0，曲线形路缘石抗压强度应达到 Cc35 的标准，吸水率不大于 6.0%；

（5）路缘石均以 M7.5 水泥砂浆安砌，垫层及靠背均为 C15 混凝土；

（6）路缘石及平面石材质及选型以人行道铺装设计为准，本图仅为结构示意；

（7）图 9-8 中符号说明：H_t 为立缘石外露高度，n 为立缘石靠背类型，H_a 为立缘石垫层厚度，H_b 为平面石垫层厚度。

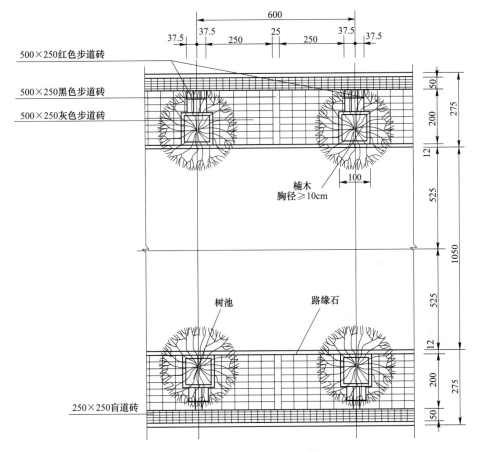

图 9-9　绿化铺装标准段平面图

如图 9-11 和图 9-12 所示，需要注意：

（1）图中尺寸除构件规格以"mm"计外，其余均以"cm"计；

（2）本工程为某道路工程的绿化及人行道铺装工程，道路全长 370.353m，两侧人行道宽 2.75m，人行道铺装总面积约 2035m²，行道树按规划为楠木，要求胸径不小于 10cm，树距 6m，树池规格 1000mm×1000mm；

（3）人行道铺装突出简洁、自然的同时点缀精细线条石材，要求规格一致，无色差；

（4）伸缩缝均按国家现行有关规范进行施工，铺装面层每 15m 留 10mm 宽的胀缝并用油膏嵌缝（胀缝位置应尽量调整到板材与板材连接处），混凝土垫层每隔 4.5m 设横向缩

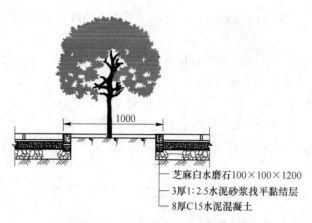

芝麻白水磨石100×100×1200
3厚1:2.5水泥砂浆找平黏结层
8厚C15水泥混凝土

图9-10　路缘石铺装横断面图

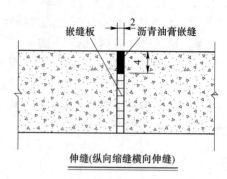

伸缝(纵向缩缝横向伸缝)

图9-11　伸缝构造详图（一）

缝一道，每隔30m设横向伸缝一道，伸缝如图9-13和图9-14所示，缩缝采用切缝机切缝；

（5）成品垃圾回收箱由施工单位提供样品经建设单位与设计人员同意后方可大量购买，成品垃圾回收箱在人行道上每50m设一处；

（6）工种配合，各有关工种应相互配合，所有管线及孔洞均应先行预埋、预留，严禁事后打洞；

（7）绿化土方，绿化土方必须选用耕作土，厚100cm以上要求回填与花台齐平或略高于路沿，留出沉降空间；

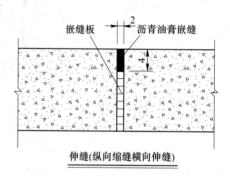

伸缝(纵向缩缝横向伸缝)

图9-12　伸缝构造详图（二）

（8）本设计除图纸及说明规定外，均应按现行有关工程验收规范施工；

（9）本施工图交付施工单位后，任何单位及个人均不得擅自更改，若遇设计图纸不明确应及时报请设计人员，待确定后，方可按变更通知单或修改图进行施工，否则一切后果自负；

（10）未经过有关部门的技术鉴定和设计许可，不得任意改变设计图纸，做到按图施工。

如图9-13所示，需要注意：

（1）图9-13依据中华人民共和国建设部、中华人民共和国民政部、中国残疾人联合会联合颁布施行的《城市道路和建筑物无障碍设计规范》（JGJ 50—2016）进行设计；

（2）三面坡缘石坡道适用于无设施或绿化处的人行道，人行道与缘石有绿化处设置单面坡缘石坡道；

（3）坡道正面坡中的缘石外高度不得大于200mm，坡度不得大于1:12，坡面宽度不小于1.2m，三面坡道的两侧坡面坡度不得大于1:12，单面坡的缘石应有半径不得小于0.50m的转角；

（4）在立面图中，A、B、C、D、E、F范围可采用现浇C25混凝土，厚度为15cm；

（5）无障碍通道设置在人行道两端；

（6）尺寸单位为cm。

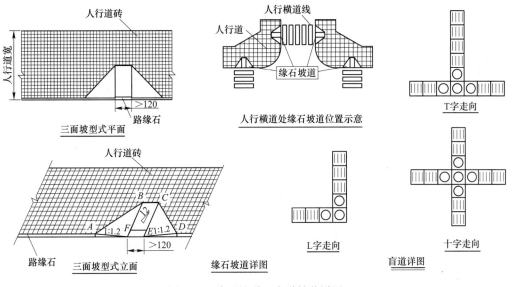

图 9-13　缘石坡道、盲道铺装详图

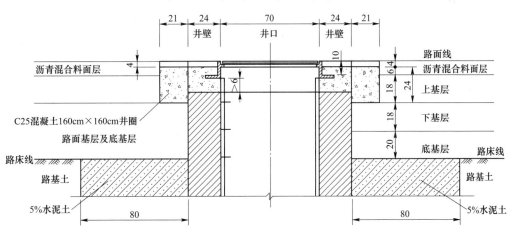

图 9-14　检查井加固立面图（单位：cm）

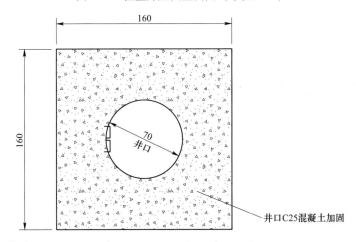

图 9-15　检查井加固平面图（单位：cm）

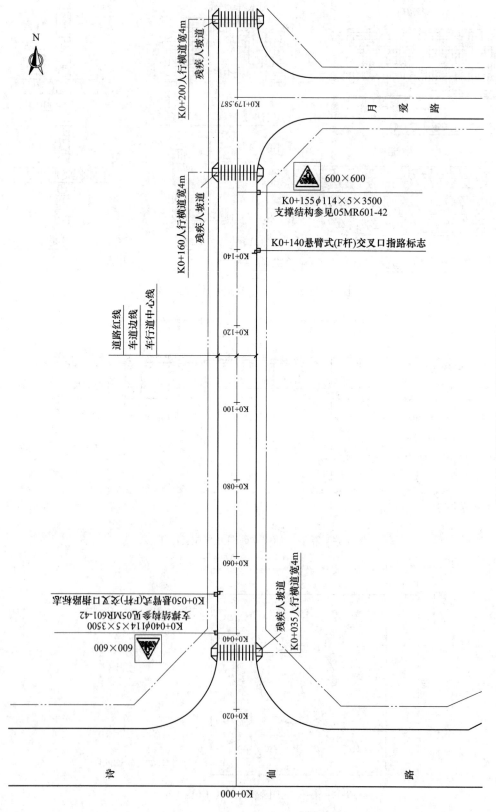

图 9-16 道路标志、标线平面图（一）

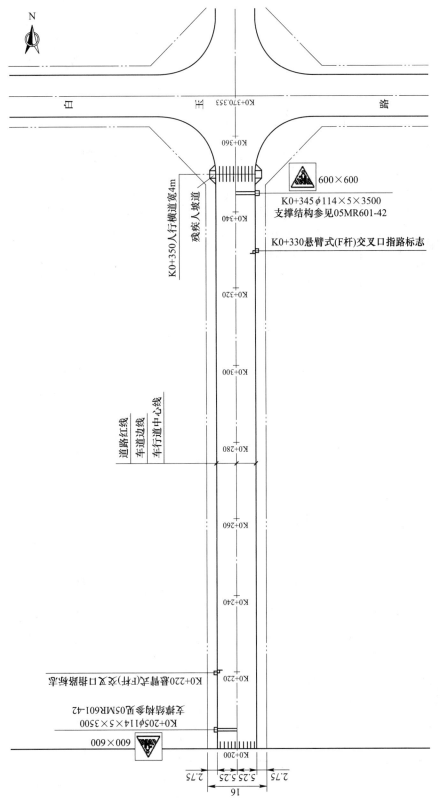

图 9-17 道路标志、标线平面图 （二）

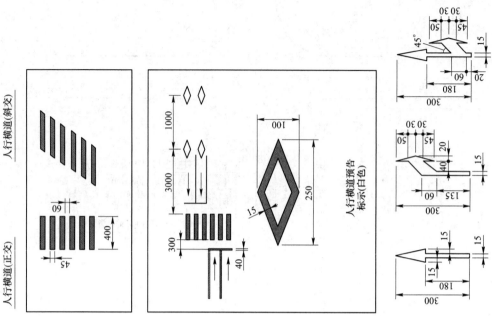

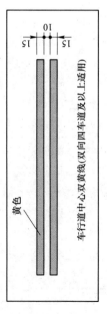

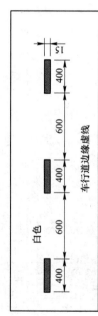

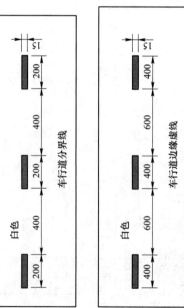

图 9-18　道路标线详图

9.1.3　道路工程清单工程量计算

道路工程清单工程量计算表见二维码。

道路工程清单
工程量计算表

9.1.4　道路工程工程量清单

按工程量清单的编订顺序，完整的道路工程的工程量清单见表 9-1、表 9-2 及二维码，其中包括：封面，编制说明，分部分项工程和单价措施项目清单与计价表，总价措施项目清单计价表，其他项目清单计价汇总表，暂列金额明细表，计日工表，规费、税金项目计价表。

工程量清单 1

表 9-1　某道路工程招标工程量清单封面

_____ 工程

招标工程量清单

招标人：_____

（单位盖章）

造价咨询人：_____

（单位盖章）

表 9-2　编制说明

总　说　明

工程名称：某市某道路

1. 工程概况

某道路项目位于四川省某市，为东西向城市支路，设计车速 20km/h，该路本次工程南起某某路西段，北至白玉路，全长 370.353m。为新建道路，道路红线宽度 16m，具体尺寸为 3m（人行道）+ 10m（机动车道）+3m（人行道）= 16m（红线）。车行道路面结构均为沥青混凝土路面，人行道结构为仿石材混凝土路面砖。

2. 工程招标和分包范围

招标范围为本工程施工图设计范围内的道路工程、管网工程和绿化工程（具体内容详见工程量清单）。

3. 工程量清单编制依据

（1）本工程施工图；

（2）本工程招标文件；

（3）《建设工程工程量清单计价规范》（GB 50500—2013）；

（4）《市政工程工程量计算规范》（GB 50857—2013）；

（5）《四川省建设工程工程量清单计价定额》（2020）；

（6）《四川省建设工程工程量清单计价管理办法》；

（7）相关技术规范及标准图集等；

（8）建设单位、设计单位补充的其他文件、资料等。

4. 工程质量、材料、施工等的特殊要求

（1）工程质量要求：工程质量达到合格标准；

（2）材料质量要求：投标人在本工程中用的所有材料都必须符合设计和业主要求，材料的各项物理性能和化学成分均应符合国家相关规范及标准；

（3）施工要求：施工应符合有关规范标准。

5. 其他需说明的问题

（1）本工程暂列金按 15% 计取；

（2）材料及设备暂估价按设计文件要求及本工程所在地市场情况暂估，工程结算时按实际价格进行结算；

（3）安全文明施工费按行业主管部门规定费率计算。

9.1.5　道路工程招标控制价

按招标控制价的编订顺序，完整的道路工程招标控制价见表 9-3、表 9-4 及二维码，其中包括：封面，编制说明，单项工程招标控制价汇总表，单位工程招标控制价汇总表，分部分项工程和单价措施项目清单与计价表，总价措施项目清单计价表，其他项目清单计价表，暂列金额明细表，计日工表，规费、税金项目计价表。

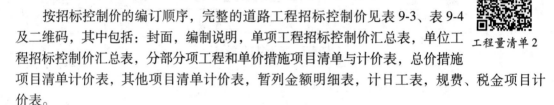

工程量清单 2

表 9-3　道路工程招标控制价封面

某市某道路　　　　　　　工程

招 标 控 制 价

招标控制价（小写）：　　　　　　　3417627.07　　　　　　

　　　　　　（大写）：　　叁佰肆拾壹万柒仟陆佰贰拾柒点零柒元　　

招标人：　　　　　　　　　　　　　　造价咨询人：　　　　　　　　　　

　　　　　（单位盖章）　　　　　　　　　　　　（单位资质专用章）

法定代表人　　　　　　　　　　　　法定代表人

或其授权人：　　　　　　　　　　　或其授权人：　　　　　　　　　　

　　　　　（签字或盖章）　　　　　　　　　　　（签字或盖章）

编　制　人：　　　　　　　　　　　复　核　人：　　　　　　　　　　

　　（造价人员签字盖专用章）　　　　　　　（造价工程师签字盖专用章）

编制时间：　　　　　　　　　　　　复核时间：

表 9-4　编制说明

总　说　明

工程名称：某市某道路

1. 工程概况

本项目某道路位于某市，为东西向城市支路，设计车速 20km/h，该路本次工程南起某某路西段，北至白玉路，全长 370.353m。为新建道路，道路红线宽度 16m，具体尺寸为 3m（人行道）+10m（机动车道）+3m（人行道）= 16m（红线）。车行道路面结构均为沥青混凝土路面，人行道结构为仿石材混凝土路面砖。

2. 工程招标和分包范围

　　招标范围为本工程施工图设计范围内的道路工程、管网工程和绿化工程（具体内容详见工程量清单）。

3. 招标控制价编制依据

　　（1）本工程施工图；

　　（2）本工程招标文件；

　　（3）《建设工程工程量清单计价规范》（GB 50500—2013）；

　　（4）《市政工程工程量计算规范》（GB 50857—2013）；

　　（5）《四川省建设工程工程量清单计价定额》（2020）、《四川省关于对各市州〈2020 年四川省建设工程工程量清单计价定额〉人工费调整的批复》；

　　（6）《四川省建设工程工程量清单计价管理办法》；

　　（7）相关技术规范及标准图集等；

　　（8）建设单位、设计单位补充的其他文件、资料等。

4. 工程质量、材料、施工等的特殊要求

　　（1）工程质量要求：工程质量达到合格标准；

　　（2）材料质量要求：投标人在本工程中用的所有材料都必须符合设计和业主要求，材料的各项物理性能和化学成分均应符合国家相关规范及标准；

　　（3）施工要求：施工应符合有关规范标准。

5. 其他需说明的问题

　　（1）本工程暂列金按 15% 计取；

　　（2）材料及设备暂估价按设计文件要求及本工程所在地市场情况暂估，工程结算时按实际价格进行结算；

　　（3）安全文明施工费按行业主管部门规定费率计算；

　　（4）规费按本清单给定的费率进行报价，结算时按承包人持有的《四川省施工企业工程规费计取标准》中核定的费率办理。

9.2 管网工程工程量清单及招标控制价的编制

9.2.1 管网工程概况

　　本工程为某市某道路工程，道路全长 370.353m，宽 16m，其中车行道宽 10m，两边人行道宽度各为 3m；本设计包括地下排水管网设计、路面雨水口及室外市政消火栓设置、电力、燃气、给水、电信管线设计只作平面位置综合布置，具体的施工图由相关专业部门完成设计后配合本次道路的实施一并施工，严禁在道路路面形成后二次坡路。

　　某道路与诗仙路及白玉路相交。因此，本工程实施时应落实交叉口的管道实施情况，并对已实施的雨污水管道高程进行实测。若与本设计所设高程不符，应及时通知设计单位处理。

　　设计内容：道路面下雨水管网、污水管网、路面雨水口及室外市政消防栓设置；电力、电信、燃气本设计只作平面位置综合布置。

　　本工程施工开挖时注意原道路下已有的燃气给水等管线的保护，如遇不明构筑物及管线应及时通知相关部门到场确认，不得随意撤除或报废。

　　设计桩号与道路中线一致。

9.2.2 管网工程施工图

　　管网工程施工图如图 9-19～图 9-27 所示。

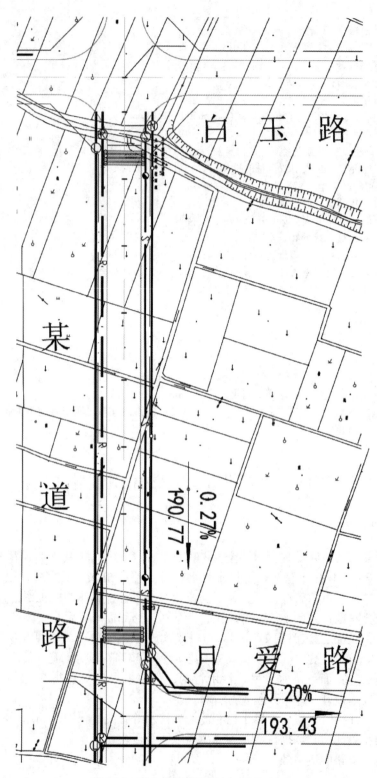

图 9-19   综合管线平面图(1∶600)(一)

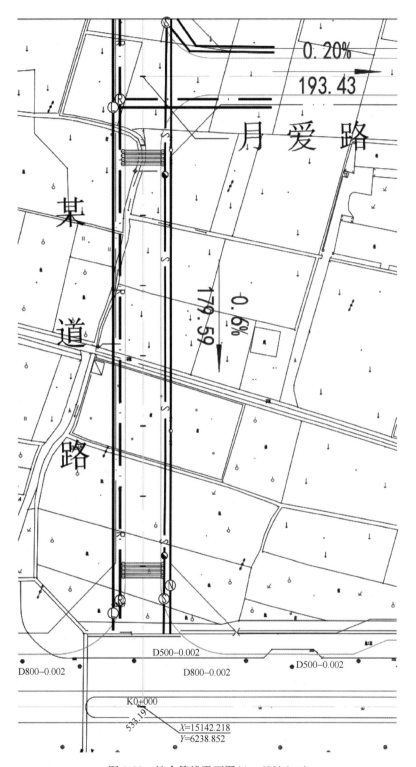

图 9-20　综合管线平面图(1∶600)(二)

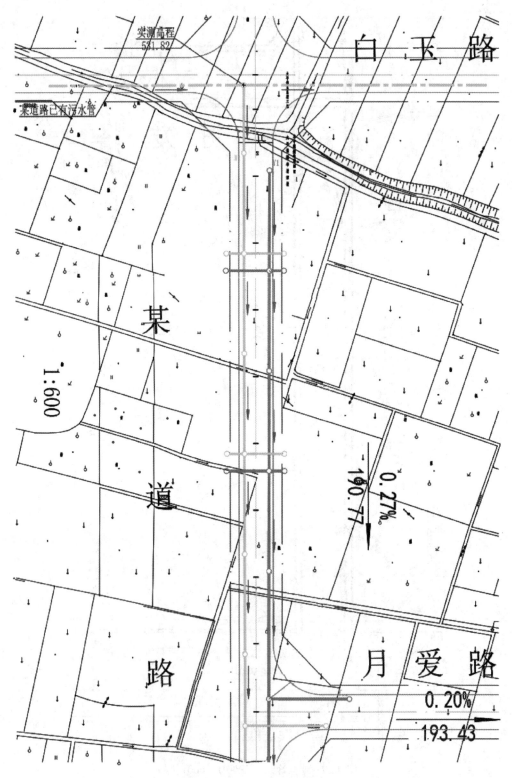

图 9-21　雨、污水管网平面图(一)

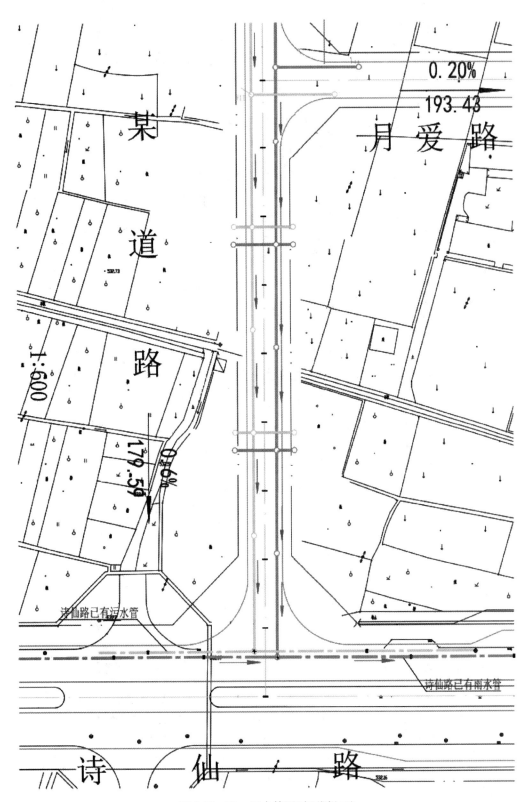

图 9-22　雨、污水管网平面图(二)

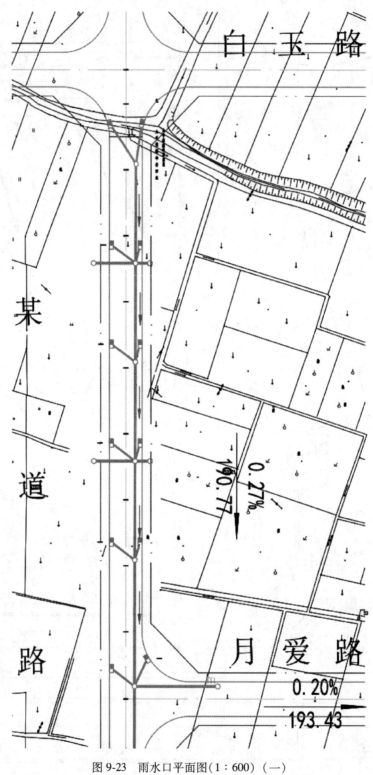

图 9-23   雨水口平面图（1∶600）（一）

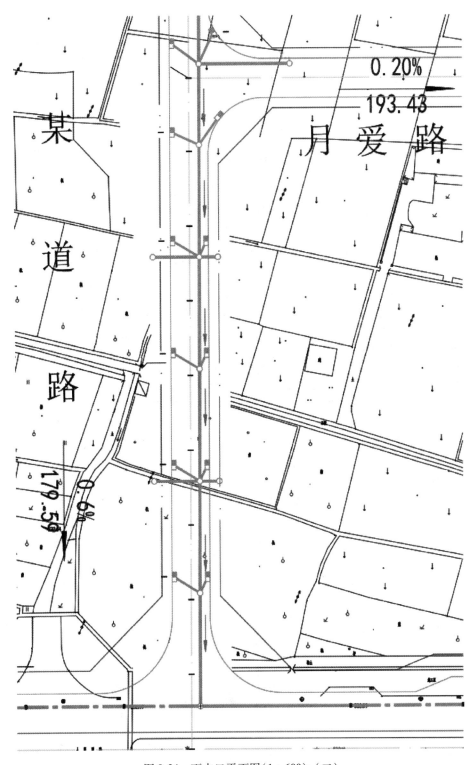

图 9-24　雨水口平面图(1∶600)（二）

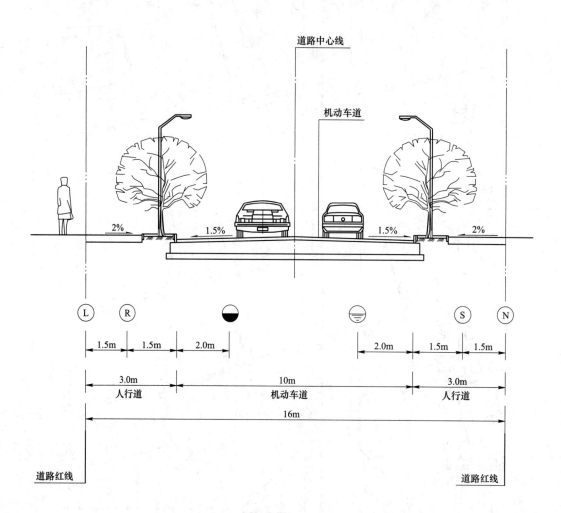

图 9-25 某道路标准横断面图

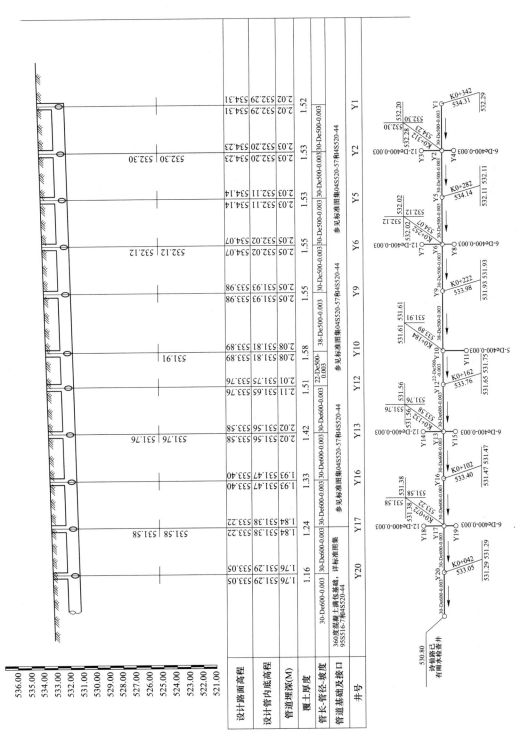

图 9-26　雨水管网纵断面图（一）

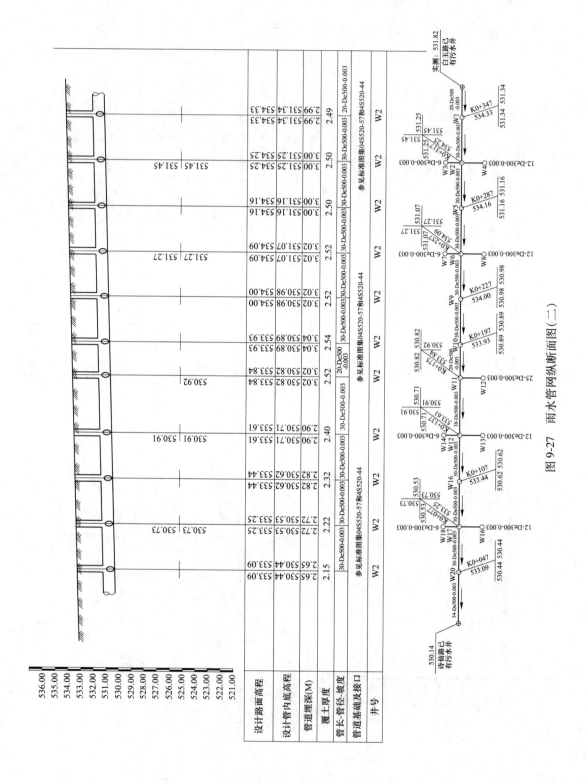

图 9-27   雨水管网纵断面图（二）

9.2.3　管网工程清单工程量计算

管网工程清单工程量计算表见二维码。

管网工程清单
工程量计算表

9.2.4　管网工程工程量清单

按工程量清单的编订顺序，管网工程的工程量清单见表 9-5、表 9-6
及二维码，其中包括：封面，编制说明，分部分项工程和单价措施项目
清单与计价表，总价措施项目清单计价表，其他项目清单计价汇总表，
暂列金额明细表，计日工表，规费、税金项目计价表。

工程量清单 3

表 9-5　某道路管网工程招标工程量清单封面

_____ 某市某道路管网 _____ 工程

招标工程量清单

招标人：_____

（单位盖章）

造价咨询人：_____

（单位盖章）

表 9-6　编制说明

总　说　明

工程名称：某市某道路

1. 工程概况

本项目某道路位于某市，为东西向城市支路，设计车速 20km/h，该路本次工程南起诗城路西段，
北至白玉路，全长 370.353m。为新建道路，道路红线宽度 16m，具体尺寸为 3m（人行道）+10m（机
动车道）+3m（人行道）= 16m（红线）。车行道路面结构均为沥青混凝土路面，人行道结构为仿石材
混凝土路面砖。

2. 工程招标和分包范围

招标范围为本工程施工图设计范围内的道路工程、管网工程和绿化工程（具体内容详见工程量清
单）。

3. 工程量清单编制依据

（1）本工程施工图；

（2）本工程招标文件；

（3）《建设工程工程量清单计价规范》（GB 50500—2013）；

（4）《市政工程工程量计算规范》（GB 50857—2013）；

（5）《四川省建设工程工程量清单计价定额》（2020）、《四川省关于对各市州〈2020 年四川省建设
工程工程量清单计价定额〉人工费调整的批复》；

（6）《四川省建设工程工程量清单计价管理办法》；

（7）相关技术规范及标准图集等；

（8）建设单位、设计单位补充的其他文件、资料等。

4. 工程质量、材料、施工等的特殊要求

（1）工程质量要求：工程质量达到合格标准；

（2）材料质量要求：投标人在本工程中用的所有材料都必须符合设计和业主要求，材料的各项物理性能和化学成分均应符合国家相关规范及标准；

（3）施工要求：施工应符合有关规范标准。

5. 其他需说明的问题

（1）本工程暂列金按 15% 计取；

（2）材料及设备暂估价按设计文件要求及本工程所在地市场情况暂估，工程结算时按实际价格进行结算；

（3）安全文明施工费按行业主管部门规定费率计算；

（4）规费按本清单给定的费率进行报价，结算时按承包人持有的《四川省施工企业工程规费计取标准》中核定的费率办理；

（5）因设计图纸未具体说明雨水口连接管直径，暂按 D300 计取；

（6）本设计图纸中，电力、燃气、给水、电线管线只做平面位置综合布置，本清单未考虑相应项目。

9.2.5　管网工程招标控制价

按招标控制价的编订顺序，完整的管网工程招标控制价见表 9-7、表 9-8 及二维码，其中包括：封面，编制说明，单项工程招标控制价汇总表，单位工程招标控制价汇总表，分部分项工程和单价措施项目清单与计价表，总价措施项目清单计价表，其他项目清单计价表，暂列金额明细表，计日工表，规费、税金项目计价表。

工程量清单 4

表 9-7　管网工程招标控制价封面

某市某道路管网　　　　工程

招 标 控 制 价

招标控制价（小写）：　　　　　　1546705. 19

（大写）：　　　壹佰伍拾肆万陆仟柒佰零伍点壹玖元

招标人：＿＿＿＿＿＿＿＿＿　　　　　造价咨询人：＿＿＿＿＿＿＿＿＿

　　　　（单位盖章）　　　　　　　　　　　（单位资质专用章）

法定代表人　　　　　　　　　　　　法定代表人

或其授权人：＿＿＿＿＿＿＿＿＿　　或其授权人：＿＿＿＿＿＿＿＿＿

　　　　（签字或盖章）　　　　　　　　　　（签字或盖章）

编 制 人：＿＿＿＿＿＿＿＿＿　　　复 核 人：＿＿＿＿＿＿＿＿＿

　　　（造价人员签字盖专用章）　　　　　（造价工程师签字盖专用章）

编制时间：　　　　　　　　　　　　复核时间：

表 9-8 总说明

总 说 明

工程名称：某市某道路

1. 工程概况

本项目某道路位于某市，为东西向城市支路，设计车速 20km/h，该路本次工程南起诗城路西段，北至白玉路，全长 370.353m。为新建道路，道路红线宽度 16m，具体尺寸为 3m（人行道）+10m（机动车道）+3m（人行道）= 16m（红线）。车行道路面结构均为沥青混凝土路面，人行道结构为仿石材混凝土路面砖。

2. 工程招标和分包范围

招标范围为本工程施工图设计范围内的道路工程、管网工程和绿化工程（具体内容详见工程量清单）。

3. 招标控制价编制依据

（1）本工程施工图；

（2）本工程招标文件；

（3）《建设工程工程量清单计价规范》（GB 50500—2013）；

（4）《市政工程工程量计算规范》（GB 50857—2013）；

（5）《四川省建设工程工程量清单计价定额》（2020）、《四川省关于对各市州 2020 年〈四川省建设工程工程量清单计价定额〉人工费调整的批复》（川建价发〔2021〕4 号）；

（6）《四川省建设工程工程量清单计价管理办法》；

（7）相关技术规范及标准图集等；

（8）建设单位、设计单位补充的其他文件、资料等。

4. 工程质量、材料、施工等的特殊要求

（1）工程质量要求：工程质量达到合格标准；

（2）材料质量要求：投标人在本工程中用的所有材料都必须符合设计和业主要求，材料的各项物理性能和化学成分均应符合国家相关规范及标准；

（3）施工要求：施工应符合有关规范标准。

5. 其他需说明的问题

（1）本工程暂列金按 15% 计取；

（2）材料及设备暂估价按设计文件要求及本工程所在地市场情况暂估，工程结算时按实际价格进行结算；

（3）安全文明施工费按行业主管部门规定费率计算；

（4）规费按本清单给定的费率进行报价，结算时按承包人持有的《四川省施工企业工程规费计取标准》中核定的费率办理；

（5）因设计图纸未具体说明雨水口连接管直径，暂按 D300 计取；

（6）本设计图纸中，电力、燃气、给水、电线管线只做平面位置综合布置，未考虑相应项目。

参 考 文 献

[1] 陈建国. 工程计价与造价管理 [M]. 北京：中国建筑工业出版社，2017.

[2] 陈建国，高显义. 工程计量与造价管理 [M]. 4版. 上海：同济大学出版社，2017.

[3] 李建峰，等. 工程计价与造价管理 [M]. 2版. 北京：中国电力出版社，2012.

[4] 中国设计工程造价管理协会. 建设工程造价管理基础知识 [M]. 北京：中国计划出版社，2018.

[5] 许焕兴，黄梅. 新编市政与园林工程预算 [M]. 2版. 北京：中国建材工业出版社，2017.

[6] 天津市市政工程局. 道路桥梁工程施工手册 [M]. 北京：中国建筑工业出版社，2016.

[7] GB 5028—2016 给水排水管道工程施工及验收规范 [S].

[8] GB/T 51212—2016 建筑信息模型应用统一标准 [S].

[9] GB 50500—2013 建设工程工程量清单计价规范 [S].

[10] GB 50857—2013 市政工程工程量计算规范 [S].

[11] 王云江，郭良娟. 市政工程计量与计价 [M]. 北京：北京大学出版社，2009.

[12] 袁建新. 市政工程计量与计价 [M]. 北京：中国建筑工业出版社，2007.

[13] 徐勇戈，高志坚，孔凡楼. BIM概论 [M]. 北京：中国建筑工业出版社，2018.

[14] BIM与工程造价编审委员会. BIM与工程造价 [M]. 北京：中国计划出版社，2017.

[15] 陶学明，熊伟. 建设工程计价基础与定额原理 [M]. 北京：机械工业出版社，2016.

[16] 李瑜. 市政工程计量与计价 [M]. 北京：中国建筑工业出版社，2017.

[17] 李建峰. 建设工程计量与计价 [M]. 北京：机械工业出版社，2017.